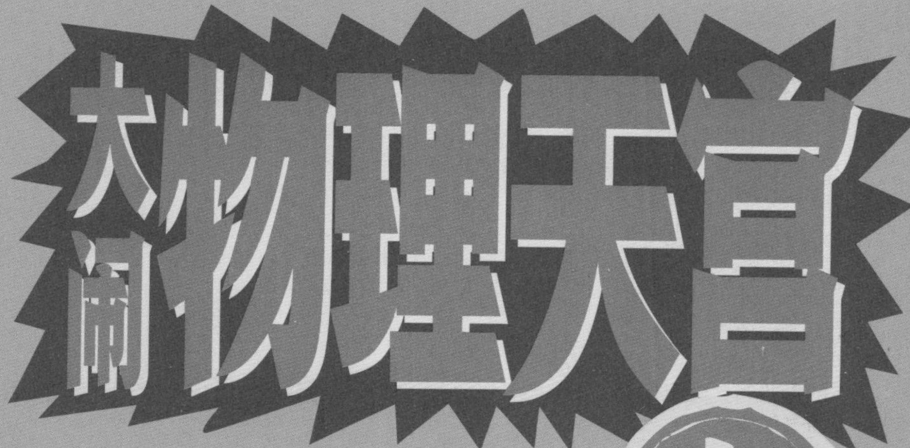

大闹物理天宫

电

1

李淼 著
云读 绘

天津出版传媒集团
天津科学技术出版社

图书在版编目（CIP）数据

大闹物理天宫 ： 1-6 / 李淼著 ； 云读绘. -- 天津 ： 天津科学技术出版社，2024. 8. -- ISBN 978-7-5742-2348-6

Ⅰ. 04-49

中国国家版本馆CIP数据核字第2024HV7265号

大闹物理天宫：1-6
DANAO WULI TIANGONG：1-6
图书监制：薛纪雨 蔺亚丁
图书策划：王　薇
责任编辑：刘　颖 张　冲 任志婕

出　　版：天津出版传媒集团 / 天津科学技术出版社

地　　址：天津市西康路 35 号
邮　　编：300051
电　　话：（022）23332372
网　　址：www.tjkjcbs.com.cn
发　　行：新华书店经销
印　　刷：北京天工印刷有限公司

开本 690 × 980　1/16　印张 32.75　字数 150 000
2024 年 8 月第 1 版第 1 次印刷
定价：199.00 元（全 6 册）

团队介绍：

出 品 方：　桔实文化

出 品 人：　张雪松

出版统筹：　郑本湧

文稿编辑：　唐湘芸　刘俊翼

特约编辑：　周思益

整体创意：　李　淼　云　读

脚本执行：　张玉萍　张艾昕

绘　　制：　田莹莹　张盼盼　韩鲤鲤　杨梓淞　左　诗
肖伊彦榕

序

我是李淼，大家都叫我淼叔。我是一位物理学家，也致力于物理知识的科普。物理学是一门非常重要的学科，被誉为“自然科学的带头学科”。物理学研究物质的结构、物质的运动规律、普遍存在的相互作用等。物理学研究的对象很广泛，小到微观世界中的各种粒子，比如电子、中子、质子等，大到游弋在广袤无垠的宇宙中的天体，比如太阳、月球、水星、金星等。可以说，物理学研究的对象无处不在。

我们为什么要学习和研究物理学？因为物理学与我们的生活息息相关，我们无时无刻不在与物理现象打交道。现在，你可以拿住这本书而不滑落，是因为存在摩擦力；你可以看到这本书的文字，是因为光的反射；你可以坐在凳子上而不陷下去，是因为凳子给了你向上的支持力。了解和利用物理学知识可以帮助我们更好地生活。

物理学是每个孩子步入初中校园后会接触到的一门重要的学科。“千里之行，始于足下。”学习知识不能一蹴而就，而要讲究方法，一个良好的开端非常重要。要先培养起孩子对物理学的兴趣，这样才能让他们主动地进入这片知识的海洋中，去自由探索和汲取养分。这套《大闹物理天宫》正是为了实现这样的目标而创作的。它以中国传统文化中耳熟能详的神仙为切入点，包括了文曲星、千里眼、顺风耳……然后用情景故事向孩子讲解基础的物理学知识。整套书共分为六册，涵盖了物理学科的六个主题：电、力、光、声、物质、能量。全书从基础的物理概念着手，一步一步引导孩子围绕每个主题建立起基础的知识框架，拓展视野，提高学习能力。

希望孩子们能够对物理感兴趣，了解物理、学好物理，并爱上物理。

李淼

出场角色表

文曲星：中国神话中主管文运的星宿。文采非凡的人会被形容为“文曲星下凡”。

淼叔：物理学家。

雷公：主管打雷的神。

电母：主管闪电的神。

迷榖：神树，记载于《山海经》。

土地公：中国神话中守护地方的神。

童子 1：天宫中的童子。

童子 2：天宫中的童子。

童子 3：天宫中的童子。

奚仲：夏朝人，车的发明者。

欧姆：德国物理学家。

沈括：北宋时期的科学家。

法拉第：英国物理学家和化学家。

风伯：又叫风师，中国神话中的风神。

龙王：中国神话中主管降雨的神。

羲和：中国神话中的太阳女神和时历制定者。

目录

第一章　电的产生　01

第二章　导体和绝缘体　13

第三章　电流和电路　25

第四章　电压和电阻　33

第五章　电能、电功、电热　43

第六章　电与磁　51

第七章　发电工厂　61

第八章　神奇的电磁波　69

第九章　安全用电　81

文曲星，
文曲星！
逢考必过
金榜题名
串联电路
保佑我这次物理
考试考高分！
电阻

第一章　电的产生

天宫夏令营

第 25876 届天宫夏令营的小朋友们跟紧了，接下来我带大家参观我们天宫的历史建筑——雷刑柱。

雷刑柱
往前走

文曲星

以前，雷刑柱被用来惩罚犯了错的神仙。

雷刑柱

雷刑柱充电站

现在，雷刑柱有更实用的功能了。

雷刑柱
电量不足！
嗯？怎么没
电了？
这是什么？
我们只是给手机充电，
你竟然在给电马充电？
当然了，总有一些
不守规矩的神仙！
车神奚仲
大家的解决方案
也简单粗暴。
抓走
把这个坏家伙
绑上雷刑柱！
噼啪
雷刑柱充电站
充电已
开始。

电可以做什么
把捣蛋的神仙绑在雷刑柱上，雷刑柱才有电吗？
不是这样的。
什么原因呢？
电妖
这就要先从“电是什么”说起了！
好痛啊！
电，是一种能量。能让特定的物体运行起来。
啊呜
当然，电也会给生命带来危险。你要小心，不要触电。
有了电，电动马就能跑。
充电站
电子产品就可以工作。
神
神
哈——

电无处不在

电妖会咬人！啊！好可怕！我再也不要见到它了。

这可不现实哦！因为电无处不在。

闪电是自然界中最常见的放电现象。

有些动物也能释放电
比如电鳗（**mán**）。

天气干燥时，我们常常会遇到静电。
神

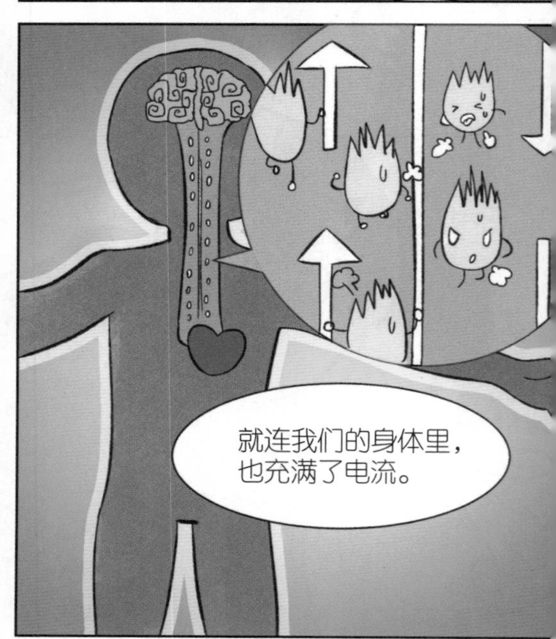

就连我们的身体里，也充满了电流。

电的产生

为什么到处都有电呢？

喂！可不可以先把我放下来？

这就要说说电的产生了！

许多物质都是由叫作原子的微粒构成的。

原子

大家好，我是原子。

原子又由质子、中子和电子三种微粒构成。其中，中子不带电，质子带正电荷，电子带负电荷。

我是电子，我身上带着负电荷。

我是中子，我和我的名字一样是中性的，不带电哦！我和质子一起组成原子核！

我是质子，我身上带着正电荷。

静电
我们日常生活中常见的电子移动，就是静电放电现象。
来回摩擦
噼！
啪！
噼！
啪！
电子是一种非常活泼的微粒，会被更强大的质子吸引。
摩擦给电子的移动提供了路径。电子移动，就形成了电。
哎哟，好疼呀。
静电在日常生活中有很大的危害。电动马就因为尾巴上带的静电，点燃了汽油，导致尾巴被烧。
但静电也有用处，比如可以用来吸附灰尘，打扫卫生。

雷电
敲！
文曲星老头，看你把我太上老君的拂尘搞得这么脏！
既然雷刑柱不能产生电，那雷刑柱上的电又是从哪里来的呢？
它是来自天上的雷电。雷雨天气，天上会有积雨云。
积雨云中除了水滴，还有很多小颗粒，小颗粒互相摩擦，产生了大量的正负电荷。
负电荷
负电荷会聚集在云层底部。

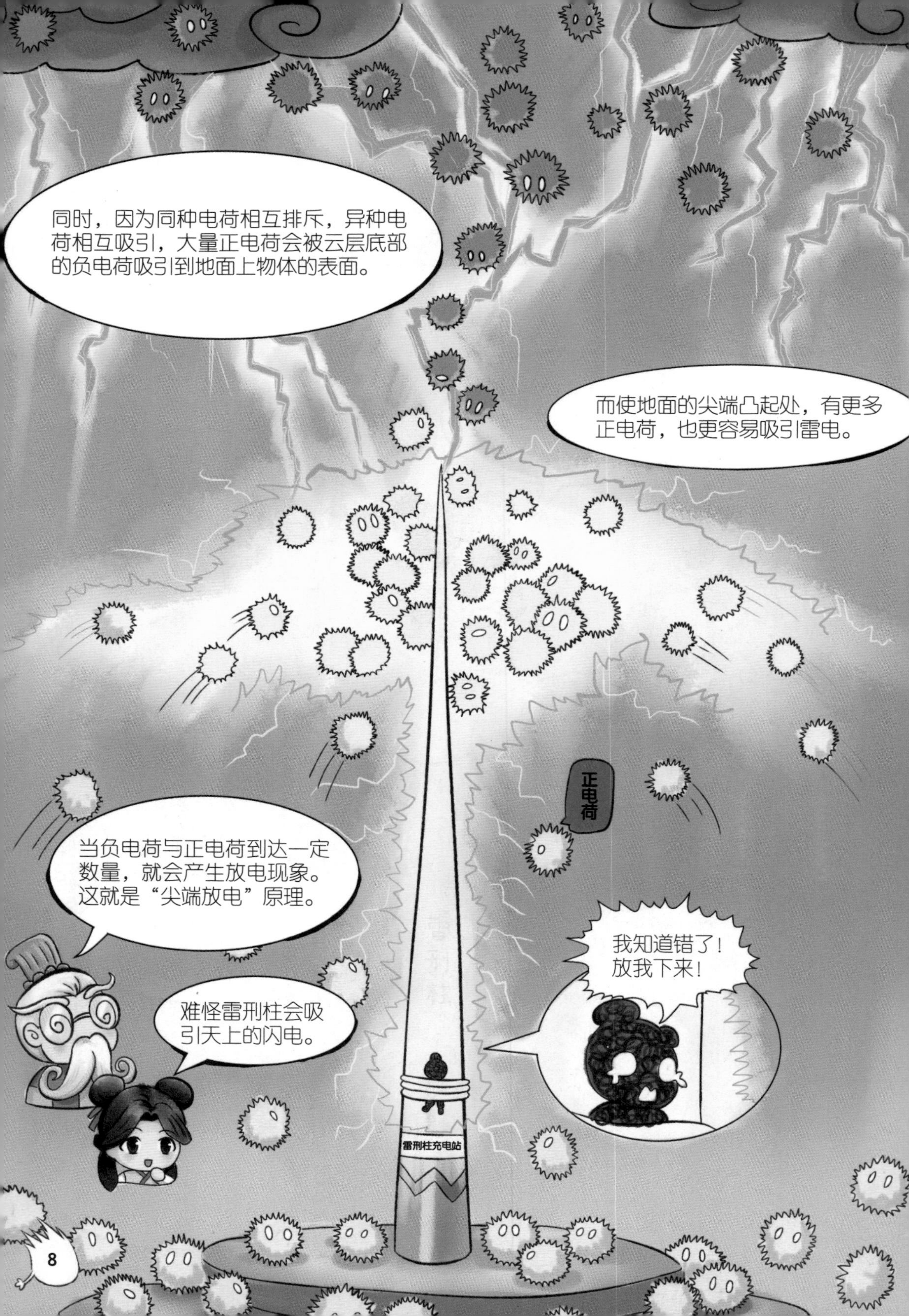
同时，因为同种电荷相互排斥，异种电荷相互吸引，大量正电荷会被云层底部的负电荷吸引到地面上物体的表面。
而使地面的尖端凸起处，有更多正电荷，也更容易吸引雷电。
正电荷
当负电荷与正电荷到达一定数量，就会产生放电现象。这就是“尖端放电”原理。
我知道错了！放我下来！
难怪雷刑柱会吸引天上的闪电。
雷刑柱充电站

脑筋体操课

楼顶上有人！
在哪里？
看到了，这楼也太高了，怪不得我一开始看不见他们。

我们快去看看，他们在干什么，鬼鬼祟祟的！
哎，还好你眼睛厉害！

你们在干什么？
我们只是在装避雷针。你这是要干什么？

啊，还好还好！
我还以为你们在做什么坏事呢。
我们是接到通知过来为这栋楼装避雷针的。
避雷针？
对啊，很多高楼都需要安装，这样就可以保护建筑物不被雷击破坏了。
避雷针
导线护管
还有这样的好东西。

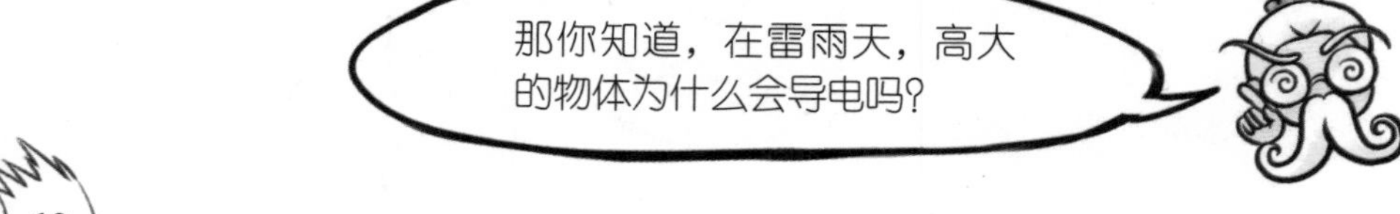

淼叔有话说

快点！快点！
好大的雨！
快要打雷了！
快站住！不可以躲在树下，会被雷击到。
为什么不能到树下避雨呢？我都被淋湿了。
我们找个安全的地方吧，那里危险。

哎呀！就当做
了个发型吧。
雷电容易击中较高的物体，大树很
高，会成为雷电的首选目标，雷电
会通过树干传到树下的地面。
如果你躲在树下，就会被电到。
除了大树下不可躲，还有高大
的建筑物下也不可以。高大的
物体很容易将雷电导到地面
上，会很危险。

第二章　导体和绝缘体

我去把奚仲放下来。

等一下！

我帮你把绳子剪断！

啊！

雷刑

我来救你！
啊！
雷刑柱充电
让我用铅笔把
你们挑下来！
啊！
雷刑柱充电站
为什么我也被电到了？
不好好学物理，
吃亏的还是自己。
下来吧，孩子们。
电好可怕！
奚仲还被绑着。

绝缘体是什么？

就是那些不容易导电的物体，比如干燥的木头、橡胶、塑料等。

干燥的木头

塑料

橡胶

禁止通行

前方绝缘区。

电妖禁止通行！

既然干燥的木头是绝缘体，为什么我的铅笔也导电了呀？

因为铅笔芯是石墨做的呀，石墨是导体。
就是我！

导体又是什么？

导体就是容易导电的物体，比如金属、石墨、人体。

金属

石墨

人体

欢迎电妖们来到导体区玩耍。

它们为什么能导电
为什么有的东西能导电？有的却不能？

我们已经知道电就是电子的移动。
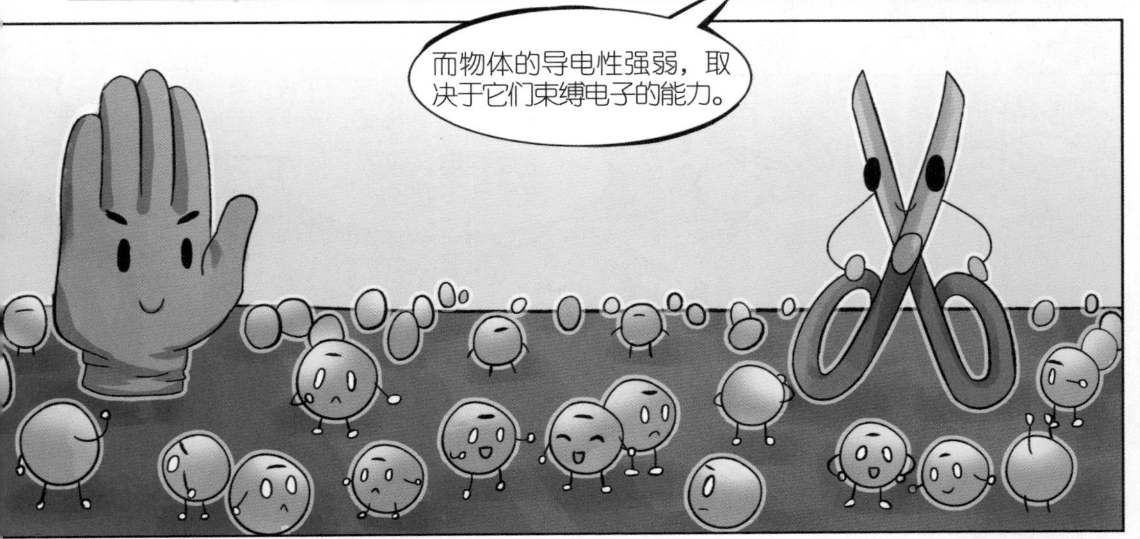
而物体的导电性强弱，取决于它们束缚电子的能力。

绝缘体束缚电子的能力强，电子无法自由移动，所以导电性差。
动不了了！
抓住
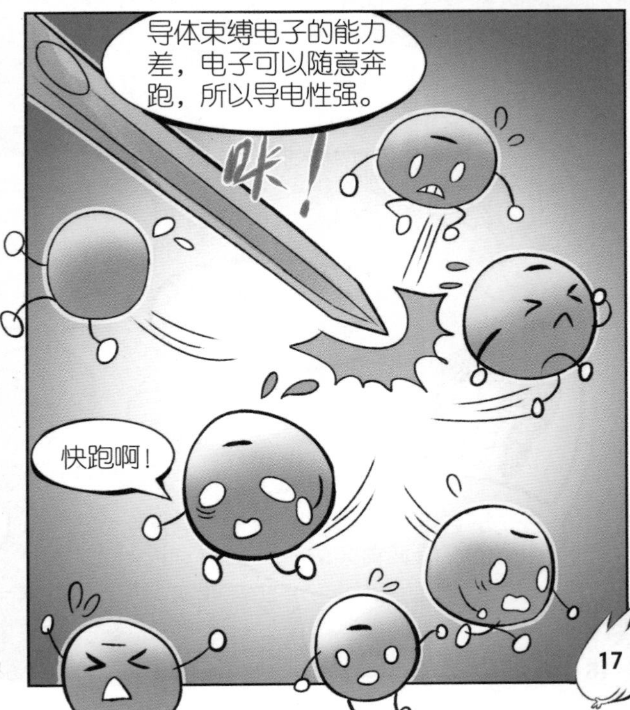
导体束缚电子的能力差，电子可以随意奔跑，所以导电性强。
咔！
快跑啊！

你别推我呀！
到我了！所有的金属导电性都一样吗？
嗯！当然不一样了！
在金属内，部分电子可以脱离原子核的束缚，自由移动，被叫作自由电子。
金属导电，靠的就是自由电子。
兄弟们！
冲出去！
而自由电子数量越多，金属导电性越强。
银＝赢，我果然最厉害。
虽然我是第二，可我比银便宜，所以我最常被用来做电线内芯。
银
咦？不是越贵重的金属导电性越好吗？
铜
金
金属的导电性强弱和它们自身的价值没有关系。
金牌明明是我做的！为什么第一不是我的！！！
金属导电大赛颁奖仪式

半导体
当然，还有一些神奇的物体，叫作“半导体”。
什么是半导体？
半导体是导电性能介于导体和绝缘体之间的材料，诸如硅、锗。
它是导体！
绝缘体
不！是绝缘体！
导体
我选择中间！
我叫锗（zhě）。
锗
我叫硅！
我们常被用作半导体的材料！
硅
当外部环境，如温度、光照、杂质等因素发生改变时，半导体的导电性也会发生改变。
比如温度越高，我的导电性就越强哦！
℃

打扰了，这位小兄弟，
你的手机和平板可以借
我讲课用一会儿吗？
当然可以了，请！
多谢。
半导体造就了我们现在的科技生活。
太厉害了
666
……
硅 Si
手机、电脑、火箭、卫星、
人工智能都离不开半导体。
哇！你就是什么都
知道的文曲星吗？
雷刑柱充电站
是的，我就是文曲星。
久仰久仰！
幸会幸会。
记笔记，
记笔记。
摘下手套

机会难得！一起合个照吧！
这样可以吗？
再靠左一点。
扶上
柱
啊！！
雷刑柱充电站
哎哟！
看来文曲星老师
应该是个半导体。
记笔记，记笔记。

脑筋体操课

快看！那边好像有人昏倒了。
我们去看看。

等等，他可能是触电了。你看，旁边有高压线。

千万不能这么直接去救人。你也会被电到！
原来，在这种情况下人也是导体啊。

那么，生活中还有哪些导体吗？

淼叔有话说

我们来看一下生活
中存在的导体吧。
我知道，人体是导体。
自由离子
杂质
孤独
寂寞
自由离子
对，还有什么呢？比如水在
某些情况下也是导体。
如果是不含杂质的纯净
水，比如蒸馏水，那么自
由移动离子浓度非常低，
基本没有，就是绝缘体。

还有大地
也是导体。
难道大地中也
有导电物质？
潮湿土地导电
混凝土地面不导电
因为大地有许多水分和
矿物质，大多数情况下
大地是可以导电的。
但是由不同成分构成的
地面的电阻值差异很
大，比如一块混凝土地
面就是不易导电的。
好神奇，原来还有
这么多的讲究！

第三章　电流和电路

到了，这里就是雷公电母管理的“电妖管理局”，所有电妖都会被送来这里驯化。
电妖管理局
据说天上打雷闪电，就是雷公电母在吵架，这是真的吗？

亲爱的，你要陪我去视察吗？
你是觉得我管不好这群妖怪吗？

如果你不想，就算了。
你是觉得我懒吗？

我不是这个意思，你有话好好说。
你是觉得我不讲道理吗？

算了算了，不问你了，我自己去行了吧！
你去视察居然不带上我！

打雷闪电是因为他们吵架，这不是真的。但他们经常吵架是真的。

这里是专门驯化电妖，让它们为仙界服务的地方。
电妖管理局是做什么的呀？

静
未被驯化的电是无法使用的。比如静电，因为瞬间释放太快。又比如闪电，因为瞬间释放太多。
驯化？

只有当电流在电路中流动时，电才能被我们使用。
电流？电路？那是什么？

电流，就是朝着同一个方向移动的电。更准确地说，电流是电荷的定向移动。
121
电流可以通过的路径，就是电路。

我们将正电荷移动的方向定为电流移动的方向。也就是说，电流的方向和电子运动的方向相反。
前面有爱偷电子的电妖！快跑！

呜——!!
文曲星!
嗯?警报声?

你来得正好，电路出了故障，整个管理局都瘫痪了!
你别着急，我们去看看。
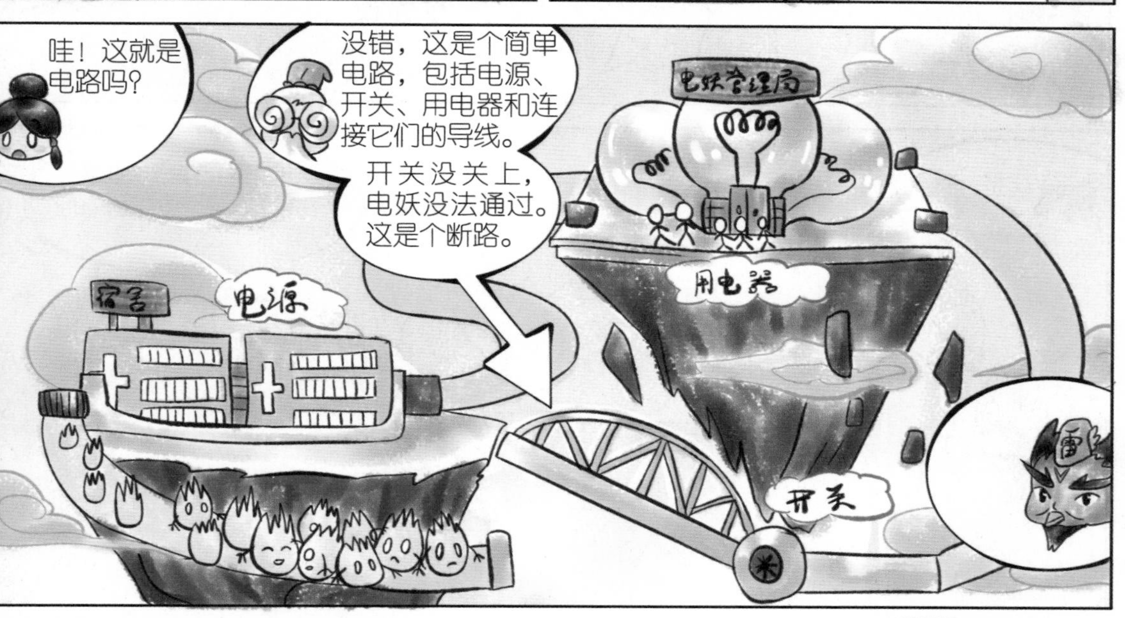
哇!这就是电路吗?
没错，这是个简单电路，包括电源、开关、用电器和连接它们的导线。
开关没关上，电妖没法通过。这是个断路。
电妖管理局
宿舍
电源
用电器
开关

只要把开关闭合，管理局就能正常工作了。
是的，电流只能在闭合的电路中流通，也就是通路。
哐当!

熄灭——
奇怪，电路明明已经连通，为什么还有故障。
我们去电源附近看看。
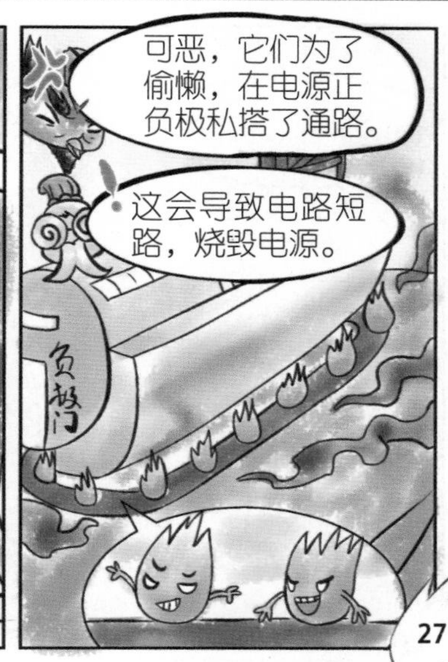
可恶，它们为了偷懒，在电源正负极私搭了通路。
这会导致电路短路，烧毁电源。
负极门

啪！
不能就这么算了
得让它们知道错了
这是什么？
这是电阻器，电妖的惩罚装置。它被用串联的方式接入了电路。
砰！！
什么是串联？
就是将电路上所有元件依次相连，所有电妖都要经过，谁都逃不过惩罚。

可并不是所有电妖都犯错偷懒了呀。
这不公平！
嗯嗯！
点头
确实，串联电路的确有失公平！
赞同
那你们有什么好主意？
依我看这样吧，设置一个并联电路，将电路上一部分元件并列相连。电路中共用的部分叫干路，单独使用的部分叫支路。
你就把电妖管理局和电阻器分别放在两条支路上吧！
地图设置
电妖管理局
嗯，是个好主意！
有了并联电路，就可以让犯错的电妖和无辜的电妖分开走不同支路。
电阻刑场
罚
啊！
电路可真神奇啊！
奋笔疾书

脑筋体操课

啪

啊！！怎么回事？

我们去看看是不是大家住的地方都停电了。

站住，你们玩耍的时候是不是挖坏了电缆！

快走！我们闯祸了！

这和停电有关系吗？

当然有。

请你猜猜看，这是发生了什么电路故障？

淼叔有话说

生活中，我们可以见到哪些短路的情况呢？
我老了，衣服也破了！
电线的绝缘层一旦被破坏，就会发生短路的情况噢。
气象灾害也会导致电路短路的情况。
我快承受不住啦，我要倒了！
呼——
我也是！

哎呀，我误操作了！
工作人员误操作或者其他的人为破坏也会导致电路短路。
错误地挖到电缆也会导致短路发生。
安全 警示
地下有高压电缆 禁止开挖
误将电池正负极直接用电线连起来时，电池受损，电线变热，也会发生短路。
+
-

第四章　电压和电阻

化阻力为动力
我又和雷公吵架了，可我不是故意的……
走来
走去

老师说，犯了错就要勇敢承认并道歉！
可是我根本就没有错！

那你可以去和他把话说清楚。
可是他根本听不懂我在说什么。

没错，雷公最木讷了！
不对！我老公最善解人意了！

你没有错！不许去道歉！
都是我的错！我这就去道歉！

这神仙真奇怪，叫她去她不去，不叫她去她偏去。
电母的性格就是这样，和她沟通，就要反其道而行之。
这就叫化阻力为动力！
哦！

电妖劳动的动力——电压
电源宿舍
门口
外出劳动
内部训练
驯化完的电妖将从这里出发，去往仙界各处，进行“外出劳动”。
外出劳动
无精打采
跳
你干吗拦它们？
我这叫化阻力为动力！

电妖可不吃这套。
呵呵呵……
躺
要让电妖们跑起来，就要给它们增加电压。
什么是电压？
电压是电流形成的原因。更准确地说，电压使电路中自由电荷定向移动形成电流。
快起来，不许偷懒！
电压
啊！
外出劳动
电压来了！快跑。
电源宿舍
电压楼
108号
电源是提供电压的装置。
返回

伏特
你或许对电压有些陌生，但你一定听过伏特。
伏特就是计算电压高低的单位。

我们常见的干电池的电压是1.5伏。
快走！
1.5伏电压
慢吞吞

家用电器的电压是220伏。
快走！
220伏电压
快速

快走！
输电用的高压电线的电压可达10万伏，甚至更高。
10万伏电压
狂奔

36伏
35伏
34伏
33伏
危险
危险
安全
电压越高，意味着电流越强，也越危险。安全电压应不高于36伏。

不好了！前面的电路发生了拥堵！
会不会是因为电阻太大？走，去看看。
什么是电阻？
电阻就是导体对电流阻碍作用的大小。
电阻
电阻
快走！
电压
走不动啊……
就是这里了。
它们怎么了？
电流通过导体时会产生热量，热量导致导体温度变高，电阻变大了。电妖们走不动路了。
热
啪！
让我给它降降温。
雷
雷公要降雨了吗？
呼
呼呼！
原来他真的不会下雨！
这叫风冷散热！是给电路降温的常用手段！
缩小
雷
哎，这已经是这个月第三次了。
这样下去可不行，看来我们要给电路升级了。

影响电阻的因素
一个月后
这次升级，我们有效地降低了电路的电阻。我带你们去参观。

我们重新铺设了电路，选取了到达目的地的最短距离。
改造前
改造后
导体的长度会影响电阻，导体越短，电阻越小。

改造前
我们拓宽了路面的宽度。
改造后
导体的横截面会影响电阻，横截面越大，电阻越小。

我们把铺设电路的材料全部换成了银。
导体材料会影响电阻，现有的金属中，银的导电性是最好的。

呼
呼
最后，我们使用了低温设备，对路面进行了降温。
温度越高，电阻越大。相反，温度越低，电阻就越小。
大部分金属当达到绝对零度（-273.15℃）时，会出现电阻为零的情况，也叫“超导现象”。

温度：零下
无精打采
……
怎么会这样？

空荡荡

当前温度

路上的电压呢？

不好了，电压都罢工了！

糟了，我把管理费用都拿来修路，忘记给电压发工资了……

你这根本不是因为物理学！物理学不会错的！

脑筋体操课

今天来逛灯会。
好呀，好呀！

这些灯真漂亮！

我要买这盏，它的亮度可以变化！

这是今年的新品，里面有个开关，可以调节它的亮度。

你知道灯能够调节亮度和什么有关吗？

淼叔有话说

咕噜咕噜。
哎呀，我的饭！
饿死我啦，请问晚饭好了吗？哎呀，你怎么又烫头了？
文曲星老师，你能不能不要取笑我了，我这是又被电到了，防不胜防呀。
你手没擦干，去拔插头会被电到啊！

一旦水与带电的电线接触，那水就相当于一条导线把你和电线相连了，因此你会被电到。

皮肤干燥的时候电阻大，潮湿的时候电阻小。如果用电器漏电，潮湿的皮肤接触带电体，人很容易触电。

同样，灯的亮度也和电阻的大小有关！电压一定时，电阻越小，电流越大，灯就越亮。

第五章 电能、电功、电热

闹鬼了

洗澡、洗澡!

奇怪，电灯怎么变暗了?

收音机怎么突然不响了？

难道……有鬼……

救命啊!

咚!

鬼啊!

一段时间后
老师，抓到鬼了吗？
灯，这是光能。
这是声能。
这些设备虽然呈现出的能量不同，但都有个共同点，它们的能量都是由电能转化而来的！
电妖管理局
罪魁祸首，一定在电妖管理局。
老师，我害怕……

电功
什么！电压的罢工还没有结束。

这样一来，一切都解释通了，所有这些电器的反常行为，都是因为电压过低。
管理局已经没有多余的资金了。

管理局产出的电你们如何向仙人们收费？
仙
仙人
按人头收费。

错了，你们应该按电功收费。
什么是电功？

这件法宝叫电度表，是人间用来测量用电的工具。你去每户分发一个，不仅可以解决资金危机，还能督促大家节约用电，保准解决问题。
0.00

电能可以转换成多种其他形式的能量，有多少电发生了转化，就说电流做了多少功。简单点说，就是消耗了多少电能。
仙人
TV

一个月后
围棋大师如何破解 AI 的局呢？
第XX届 AI对抗围棋大赛
啊！他动手了！

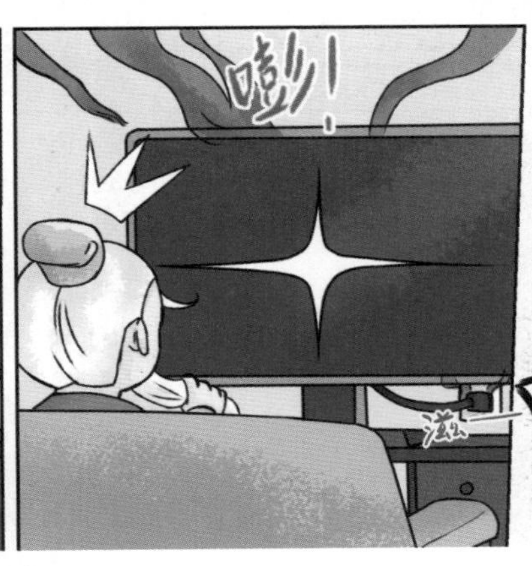
嘭！

谁弄坏了我的电视机！

文曲星老师，
不好了。
砰！

据说家家户户都有电器突然坏了。是不是又闹鬼了？
既然是和电器有关，这个捣蛋鬼肯定还在电妖管理局。

电妖管理局

这次又是怎么回事啊？
自从使用了电度表，管理局确实恢复了正常。
工资核定：改为按产出电功分配。
为了鼓励电压工作，我把它们的工资也改成了按产出的电功分配。

电压们从此夜以继日地努力工作。
快！
快走！
电压
电压
快走！

最终导致电压过高，超过额定电压220伏。
快走！
???伏电压
理局

雷
整个管理局的电器都烧坏了……

看来电压过高的危害比电压过低更严重。

脑筋体操课

咕嘟咕嘟

知道电热水壶烧水的过程中，它的能量发生了怎样的转化吗?

还有电灯泡照亮房间的过程中又发生了什么能量转化?

我们生活中常见的太阳能热水器，是不是也有能量的转化呢？

电风扇的转动过程中发生了什么能量转化呢？

以上的现象都产生了能量转化。电热水壶是电能转化为内能，电灯是电能转化为光能。

太阳能热水器是太阳能转化为热能，电风扇是电能转化为机械能。其中我们生活最离不开的就是电加热。

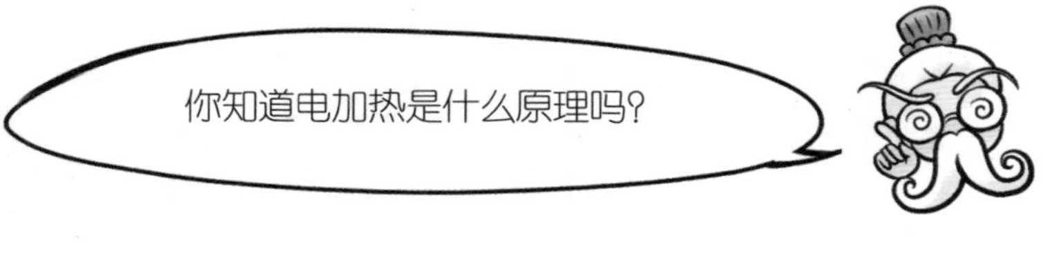

你知道电加热是什么原理吗？

淼叔有话说

我是淼叔，又见面了。我们的生活真的是和电热原理密不可分呀！那么通过以上学习，你们知道了什么是电热了吗？
我发热了，感觉有一股能量快要从我的身体里冒出来了。
导体
我就是电热！

我们的衣食住行离不开电热。电加热技术以各种方式在生活中得到广泛应用。
通过液体加热器将水加热，能帮助洗衣机更好地清洁衣物。
洗衣机
干衣机的加热器用来使衣物中的水分蒸发。
干衣机
冰箱
冰箱大多使用加热线来减少冰箱的结霜和冻结。
咖啡机也是可以在短时间内，将水加热至设定温度以便进行冲泡。
哇，原来电加热技术在我们的生活中这么常见。
咖啡机

第六章 电与磁

最近，小树精迷
榖（gǔ）很烦恼。

总有一些人偷偷跑
来折他头上的树枝。
咔！

因为他的树枝
可以给人指路。
往哪里逃跑？
站住！
那里！

爸爸，我最近头上的树枝越
来越少了，这可怎么办？
孩子，不要担心，
这只是个青春期问题。

等过了青春期，就不会
再有人来偷树枝了吗？

是的孩子，
放心吧！
呜呜——

指南针？那是什么
文曲星老师，请你一定要帮我摆脱家族的厄运！

既然大家偷你的树枝是为了指路，那你就给他们一个指路的替代品。
来，试试这个指南针。
指南针是什么？

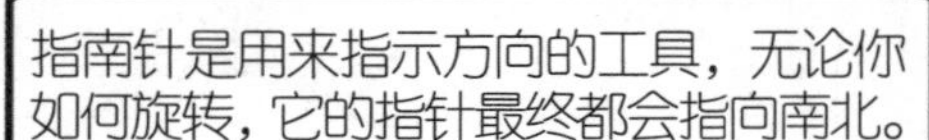
指南针是用来指示方向的工具，无论你如何旋转，它的指针最终都会指向南北。

北
西
东
南
太神奇了！它为什么可以指方向？难道它也是我的树枝做的吗？

指南针是一块磁铁，有两个磁极。
指北的那个磁极叫作北极 (North Pole) 或 N 极。
始终指南的那个磁极叫作南极 (South Pole) 或 S 极。

磁极间相互作用的规律是：同名磁极相互排斥，异名磁极相互吸引。
世上居然有如此奇妙的东西。

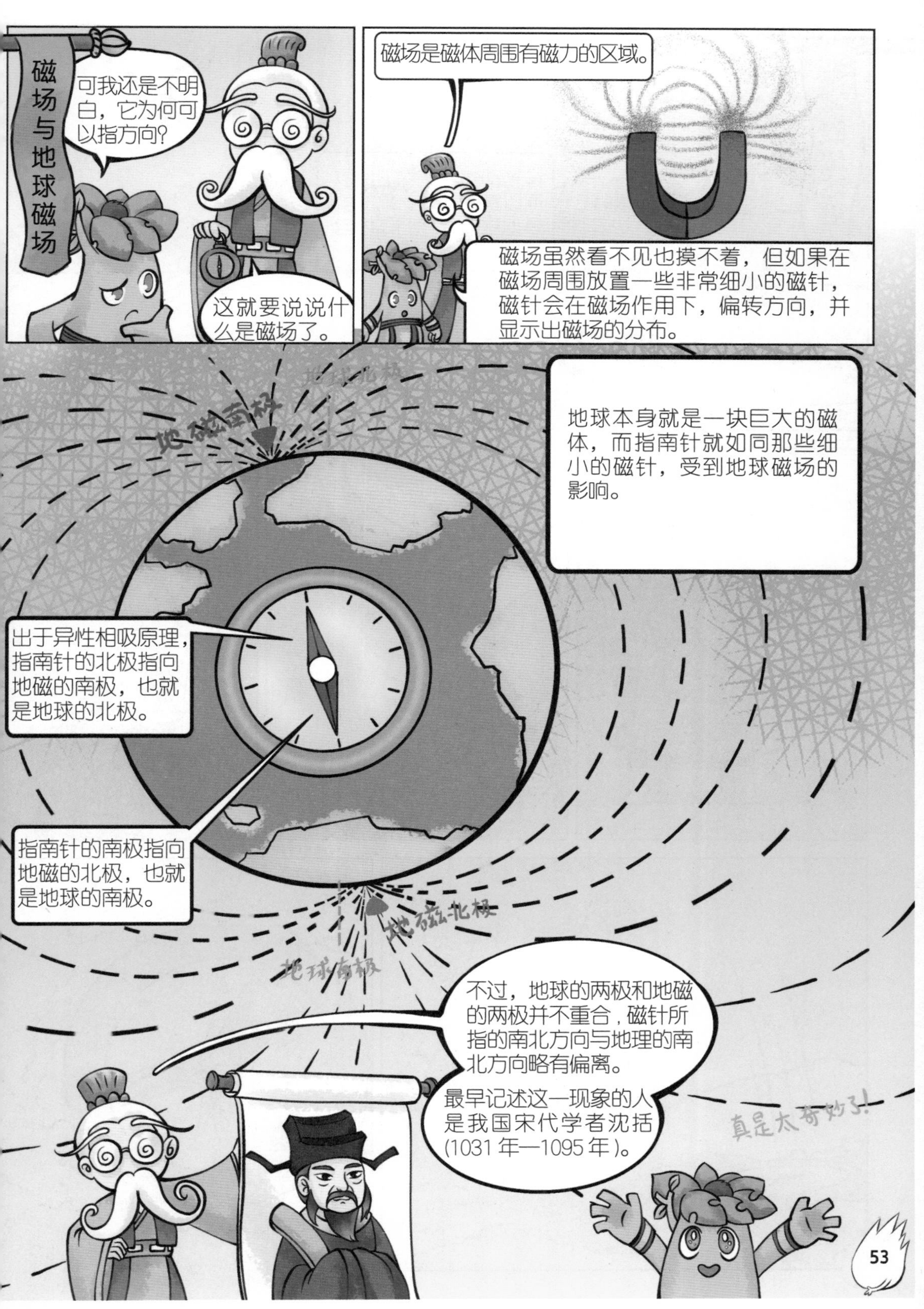
磁场与地球磁场
可我还是不明白，它为何可以指方向?
这就要说说什么是磁场了。
磁场是磁体周围有磁力的区域。
磁场虽然看不见也摸不着，但如果在磁场周围放置一些非常细小的磁针，磁针会在磁场作用下，偏转方向，并显示出磁场的分布。
地磁南极
地球北极
地球本身就是一块巨大的磁体，而指南针就如同那些细小的磁针，受到地球磁场的影响。
出于异性相吸原理，指南针的北极指向地磁的南极，也就是地球的北极。
指南针的南极指向地磁的北极，也就是地球的南极。
地磁北极
地球南极
不过，地球的两极和地磁的两极并不重合，磁针所指的南北方向与地理的南北方向略有偏离。
最早记述这一现象的人是我国宋代学者沈括(1031 年—1095 年)。
真是太奇妙了!

电流的磁效应
鸽子
家燕
游隼
鲑鱼
许多动物和植物之所以可以辨别方向，靠的就是地磁场。它们体内自带一个生物指南针。
海龟

这么说来，我和这个指南针还算是亲戚呢。

太好了，有了它我就再也不用被薅（hāo）头发了。

咻!
咚
哎哟!

不好，老师！指南针被我撞坏了吗？
这只鸽子看起来也不对劲儿……

除了带磁性的天然磁体，任何通有电流的导线都可以在其周围产生磁场，这就是电流的磁效应。

电磁场会影响指南针的准确性，也会影响那些靠地磁场确定方向的动物。

抖
扯
啊，文曲星老师，我的树枝也受到电磁场的影响了。
走吧，我们去发电厂看看。

脑筋体操课

我们要两张最快到达人间的车票，一定要最快！
售票处

最快的只有磁悬浮列车的车票哦。

磁悬浮？

是的，天宫已经开通了到人间的磁悬浮专列。

它会比任何列车都快吗？
当然，磁悬浮列车可以悬浮在轨道上，自然就消减了轨道的摩擦力，达到了提速的效果。
这么厉害！
那你知道它是如何悬浮在轨道上的吗？
列车动态运行时，轨道线圈形成的磁场与列车内部的超导体电磁铁系统产生了相斥力，对抗地心引力，从而使得列车悬浮在轨道上。
同时，列车底部与两侧倒转向上的顶部磁铁基于异性相吸的电磁原理，产生吸引力，促使列车前进。那你知道生活中还有什么与电磁场相关的现象吗？
导轨
磁铁
转向架
常导电磁铁

淼叔有话说

生活中与电磁场相关的最常见的有电磁炉。
电流通过线圈产生交变磁场，当铁质容器放在上面时，接触面就可以产生旋涡电流，简称涡流。
涡流使容器底部的铁原子高速且无规则地运动，原子互相碰撞、摩擦而产生热能，从而对容器进行加热。
锅体
涡流
支板
线圈

嘀嘀嘀！！
你带了什么东西？
知道为什么检测仪能检测出违禁品吗？
不知道，它可能有一双能看穿电妖的眼睛。
哈哈，当然不是。很简单，这也是电磁场的现象。电磁场中的波具有良好的穿透性，可以检测到人身上的物品。
原来是这样

第七章　发电工厂

三个小时后……
咕咕……
呜咕咕……

太可怕了，我长这么大，从来没有迷过路！
怎么办，怎么办，我是不是再也回不了家了？

担心，你有你
地址吧？
有的！地址是“我家房子”。

那住在哪条路上你总记得吧？
记得的，就是“那条小路”。

那你们迷榖树精住的村子总该有名字吧？
当然，就叫“我们村子”。
……

迷榖树精去哪里都
树枝指路，自然也不
给地方取名字！
如今我的树枝不灵光了！我是不是再也回不了家了……

文曲星？！
雷公？你怎么在这儿？

电磁感应现象

什么？这个发电厂是你们的？

没错，所以我们请来专家造了这个发电厂。
自从上次电妖管理局炸毁后，我们痛定思痛，决定用更先进的方式来发电。
安保处
你们好，我叫法拉第，是 19 世纪英国物理学家和化学家，就是我发现了电磁感应现象，并发明了发电机。
他就是我们请来的专家。
什么是电磁感应现象？
我们已经知道，电可以产生磁。同样的，磁也可以产生电哦！

将导线和用电器连成一个完整的圆圈，就可以形成一个闭合电路。

闭合电路的一部分导体在磁场中做切割磁感线的运动时，导体中就产生电流。这种现象叫作电磁感应。

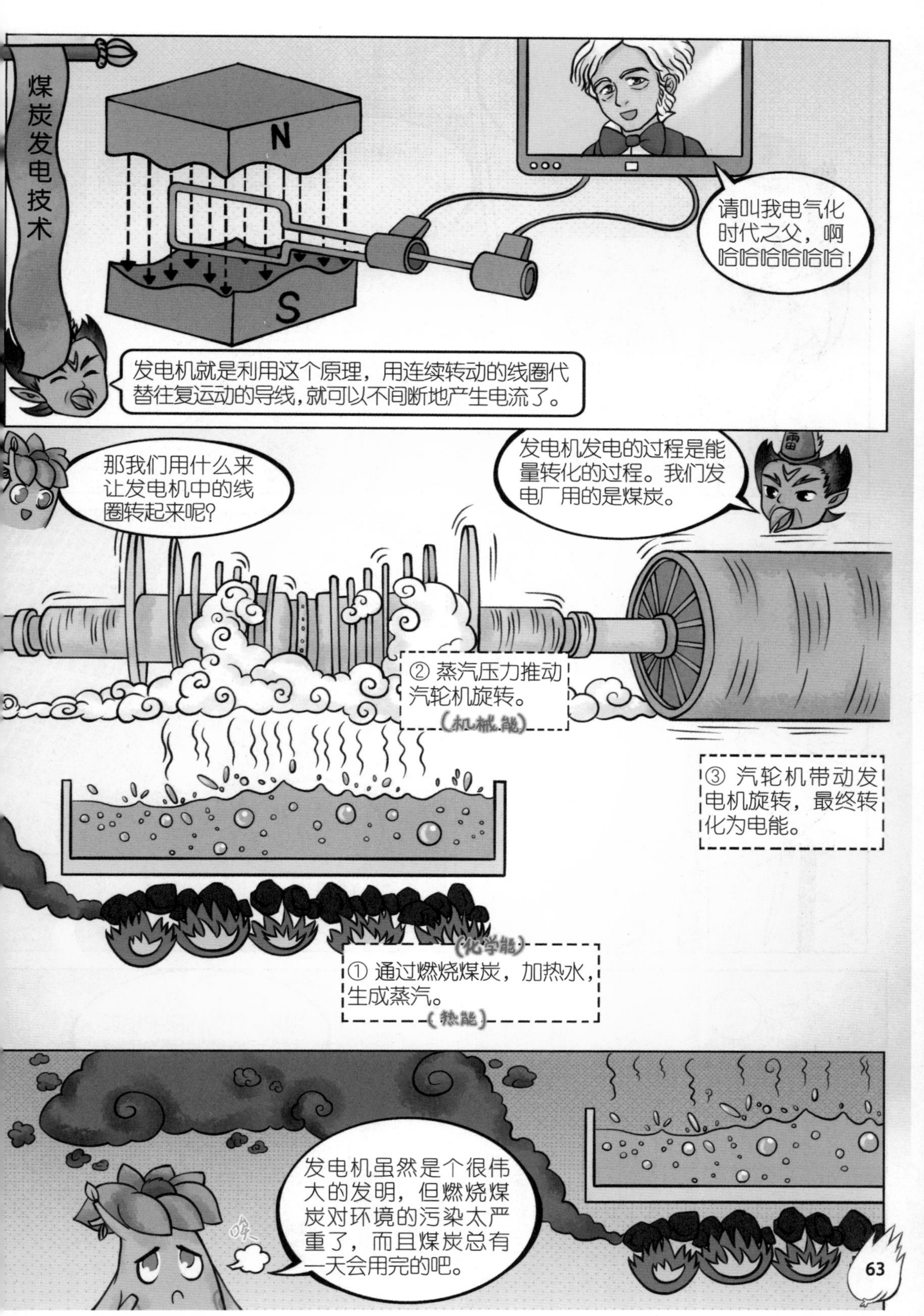
煤炭发电技术
N
S
请叫我电气化时代之父，啊哈哈哈哈哈哈！
发电机就是利用这个原理，用连续转动的线圈代替往复运动的导线，就可以不间断地产生电流了。
那我们用什么来让发电机中的线圈转起来呢？
发电机发电的过程是能量转化的过程。我们发电厂用的是煤炭。
② 蒸汽压力推动汽轮机旋转。
（机械能）
③ 汽轮机带动发电机旋转，最终转化为电能。
（化学能）
① 通过燃烧煤炭，加热水，生成蒸汽。
（热能）
发电机虽然是个很伟大的发明，但燃烧煤炭对环境的污染太严重了，而且煤炭总有一天会用完的吧。

你说得没错，所以我们已经着手开发新的能源来发电了。我们还请来仙界众仙友们帮忙。

水坝利用流水的能量发电。龙王负责管理水坝发电。

脑筋体操课

现在你应该知道为什么风车能够靠风一直发电了吧。
是风能转化为电能！
桨叶 
叶片矫正装置
齿轮箱
制动闸
配电装置管理系统
是的，当风吹向桨叶时，风的动能让桨叶旋转，桨叶向发电机传递机械能，使得发电机内的转子旋转并切割磁感线产生电能。
发电机
风力风向传感系统
塔
基座
电力供应系统

同理，水能和太阳能都
是可再生资源，能持续
产出和被循环利用。
世界上最大的水电站：三峡水电站。
太阳能发电：光伏电站。
你知道发电机与电动
机的区别吗?

淼叔有话说

发电机原理图

你知道发电机与电动机的区别吗?

是什么呢?

用电器

电刷

外部电路

铜环

磁场

发电机的原理是电磁感应。

通电线圈在磁场中受力转动。

电动机原理图

转向

电流方向

换向片

线圈

磁极

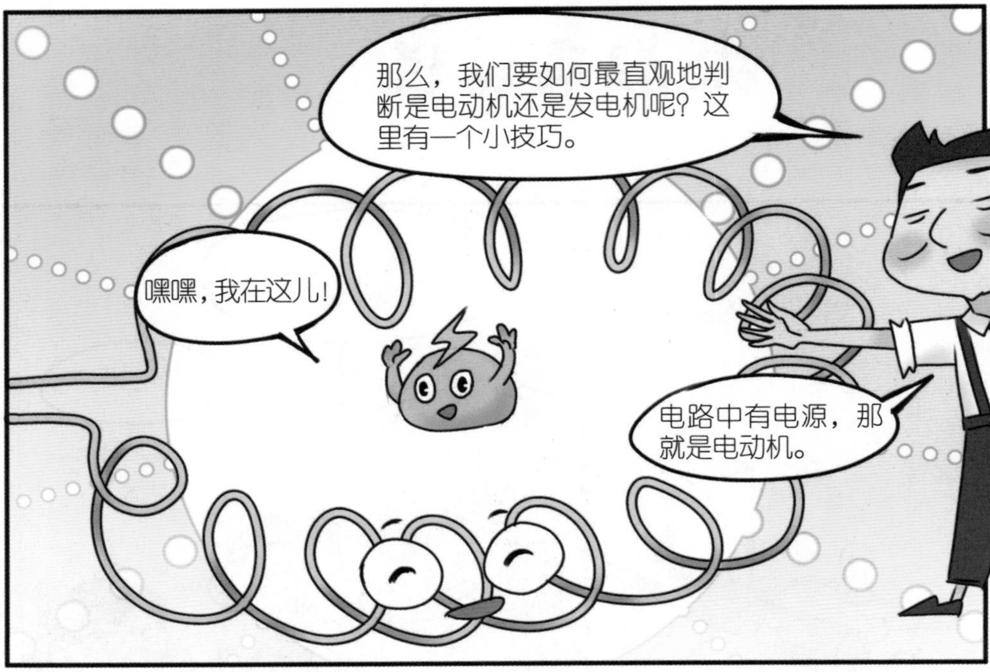

那么，我们要如何最直观地判断是电动机还是发电机呢？这里有一个小技巧。
嘿嘿，我在这儿！
电路中有电源，那就是电动机。
电路中没有电源，那就是发电机。 
?
明白了。

第八章　神奇的电磁波

文曲星老师，上次
我问指南针和我的
树枝回家的路……

结果它们分别
指了完全不同
的方向，还吵
起来了。

嘀
嘀
嘀

孩子啊，前两天你问
爸爸怎么解决树枝变
少的问题，我突然想
到一个配方！

真的吗爸爸？
你快说给我听听。
十年黑芝麻 100
克，百年黑枸杞
100 克，千年黑
灵芝 100 克，万
年何首乌 100 克，
加入 10 升龙井
茶水中浸泡。

发的时候喝一杯，你就
么烦恼都不会有了。

这通电话，倒是给了
我一些新思路，或许
我们可以试试这个。
我真的无法摆脱这悲
惨的家族命运吗？

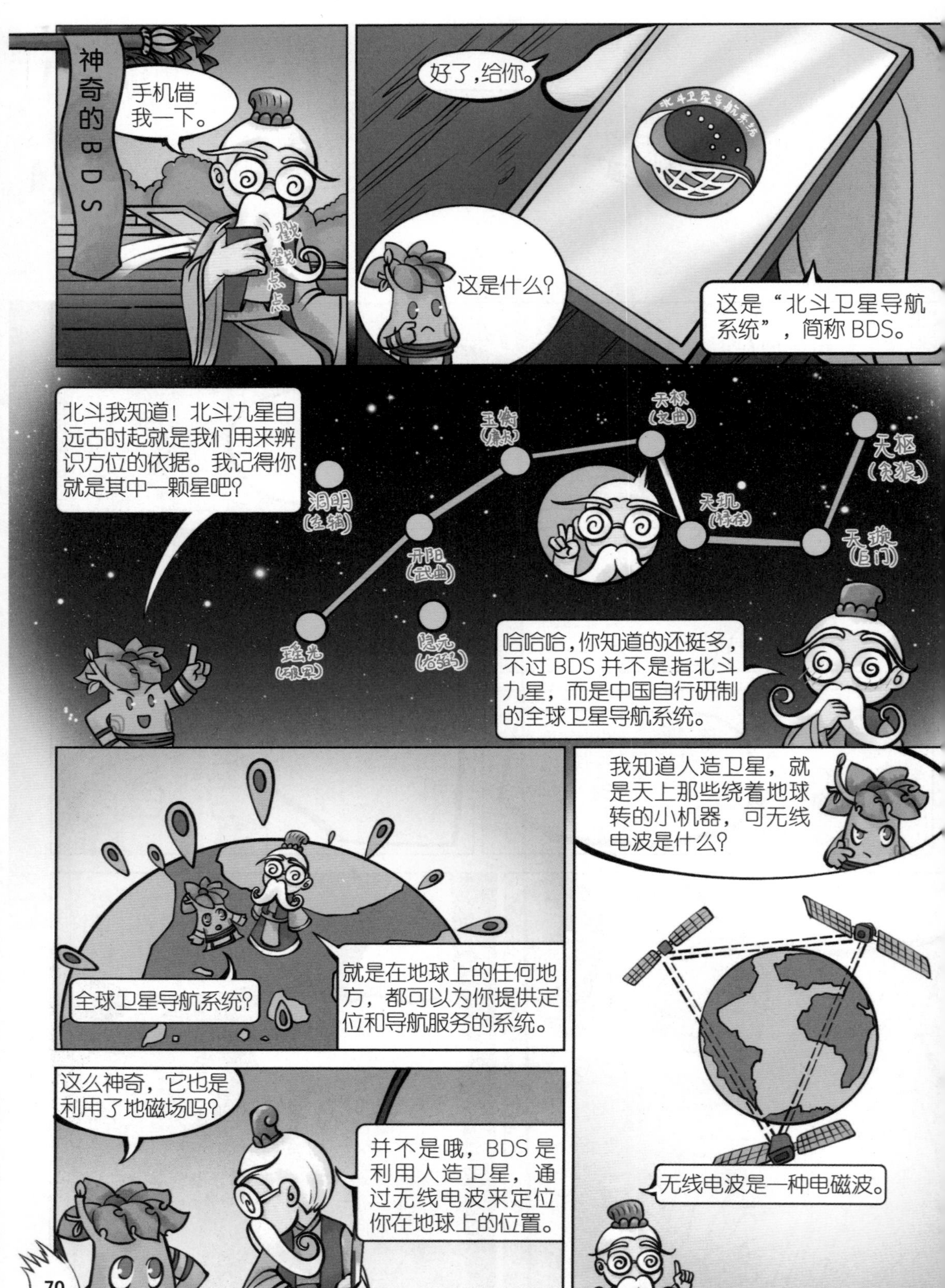
神奇的BDS
手机借我一下。
戳戳点点
好了，给你。
北斗卫星导航系统
这是什么？
这是“北斗卫星导航系统”，简称 BDS。
北斗我知道！北斗九星自远古时起就是我们用来辨识方位的依据。我记得你就是其中一颗星吧？
天权（文曲）
玉衡（廉贞）
天枢（贪狼）
洞明（左辅）
天玑（禄存）
天璇（巨门）
开阳（武曲）
瑶光（破军）
隐元（右弼）
哈哈哈，你知道的还挺多，不过 BDS 并不是指北斗九星，而是中国自行研制的全球卫星导航系统。
我知道人造卫星，就是天上那些绕着地球转的小机器，可无线电波是什么？
全球卫星导航系统？
就是在地球上的任何地方，都可以为你提供定位和导航服务的系统。
这么神奇，它也是利用了地磁场吗？
并不是哦，BDS 是利用人造卫星，通过无线电波来定位你在地球上的位置。
无线电波是一种电磁波。

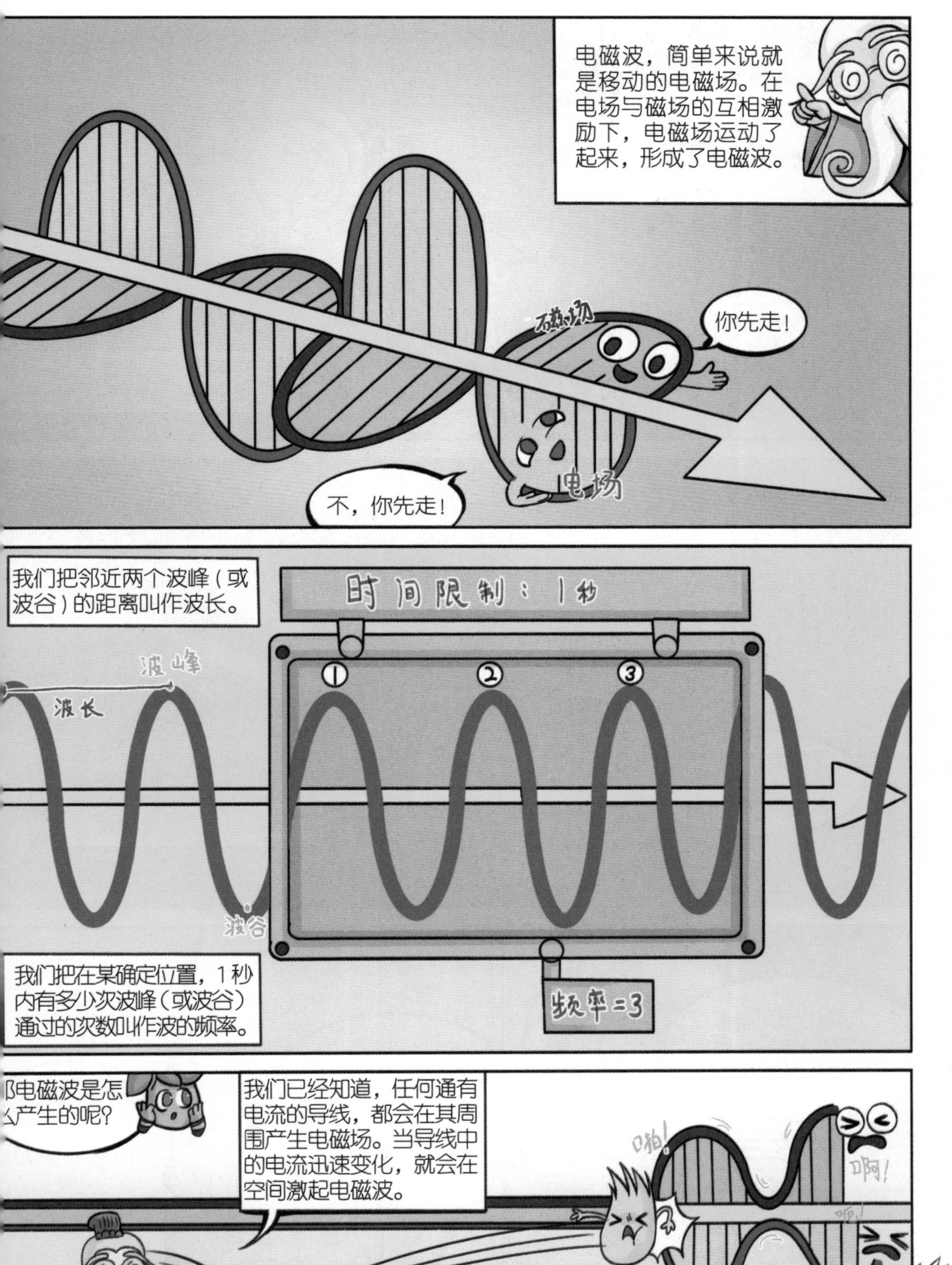

电磁波，简单来说就是移动的电磁场。在电场与磁场的互相激励下，电磁场运动了起来，形成了电磁波。
磁场
你先走!
电场
不，你先走!
我们把邻近两个波峰（或波谷）的距离叫作波长。
时间限制：1秒
波峰
波长
①
②
③
波谷
我们把在某确定位置，1 秒内有多少次波峰（或波谷）通过的次数叫作波的频率。
频率=3
电磁波是怎
产生的呢?
我们已经知道，任何通有电流的导线，都会在其周围产生电磁场。当导线中的电流迅速变化，就会在空间激起电磁波。
啪!
啊!
呃!
咻——

电磁波在真空中也
可以传播。
咻
咻
咻
真空中电磁波的波速为 c，其数
大约 2.99792458 × 10⁸ 米 / 秒。

我们上学的时候
学过，光也是这
个速度！
没错，光就是电磁波！

我们生活在电磁
波的海洋中，电
磁波无处不在。

电磁波的海洋？可我
没感觉在游泳啊？
那只是比喻而
已，就是说生
中有不少地方
到了电磁波。

电磁波的海洋
已发送
用于广播、电视和移动电话通信的电磁波，叫作无线电波。
已接收

可见光是人肉眼可以看得见的电磁波，频率一般为 390~750 太赫兹（THz），波长为 400~760 纳米（nm）。

不同频率的电磁波有着不同的用途。

比红光频率略低的电磁波就是红外线，凡是高于绝对零度（-273.15℃）的物质都可以产生红外线，温度越高，红外线越强。我们可以用红外线测量温度。

X射线经常被
用来拍X光片。

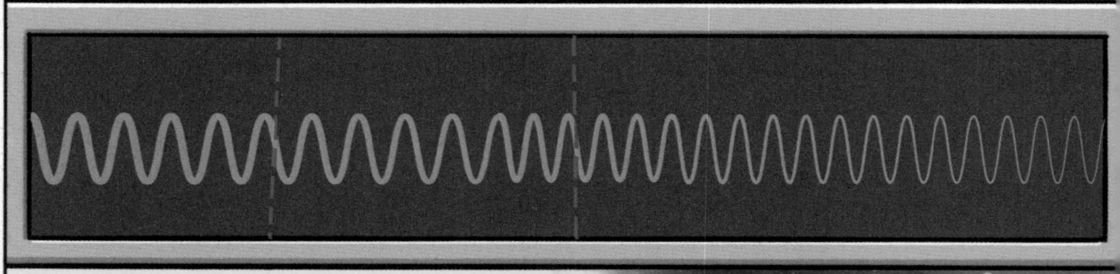

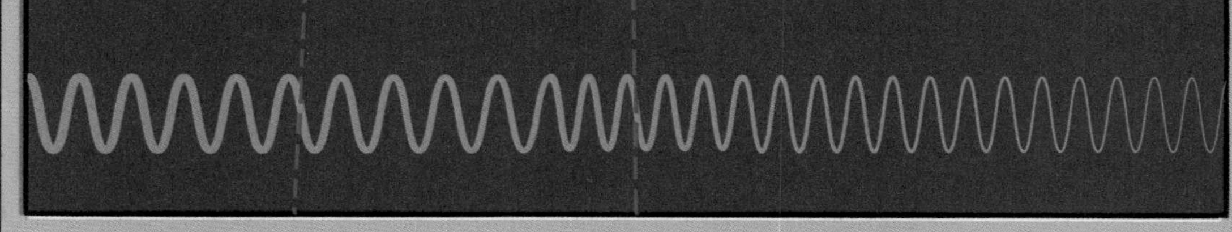

紫外线是一种可以
杀菌消毒的电磁波。

伽马射线是一种能量
非常高的电磁波。天
体相撞时产生的现象
又叫“伽马射线暴”。

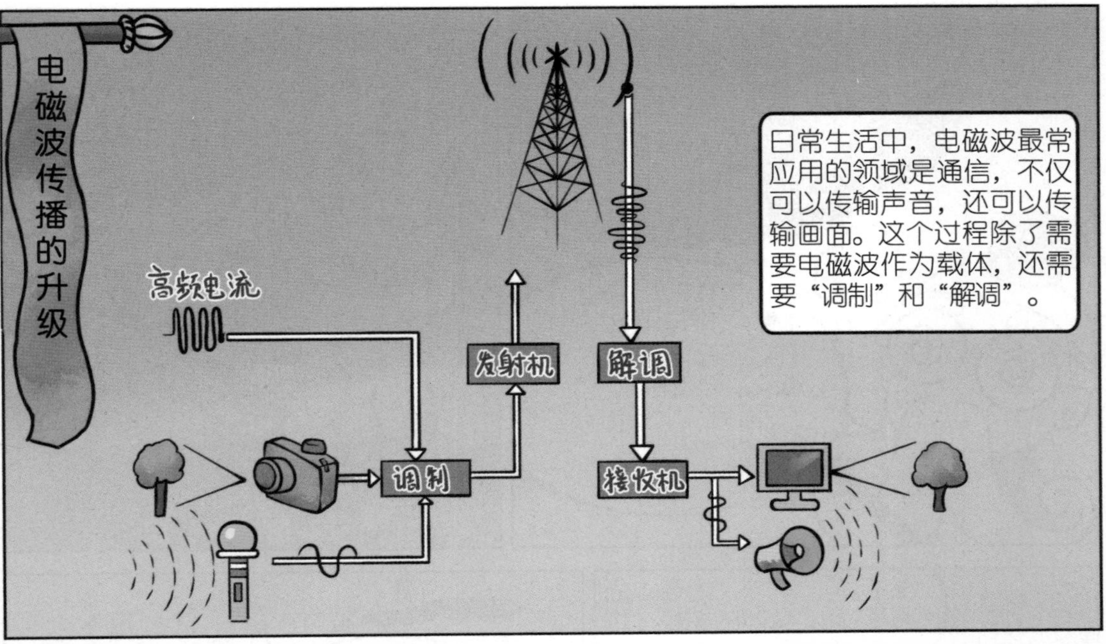

电磁波传播的升级

日常生活中，电磁波最常应用的领域是通信，不仅可以传输声音，还可以传输画面。这个过程除了需要电磁波作为载体，还需要“调制”和“解调”。

高频电流

调制

发射机

解调

接收机

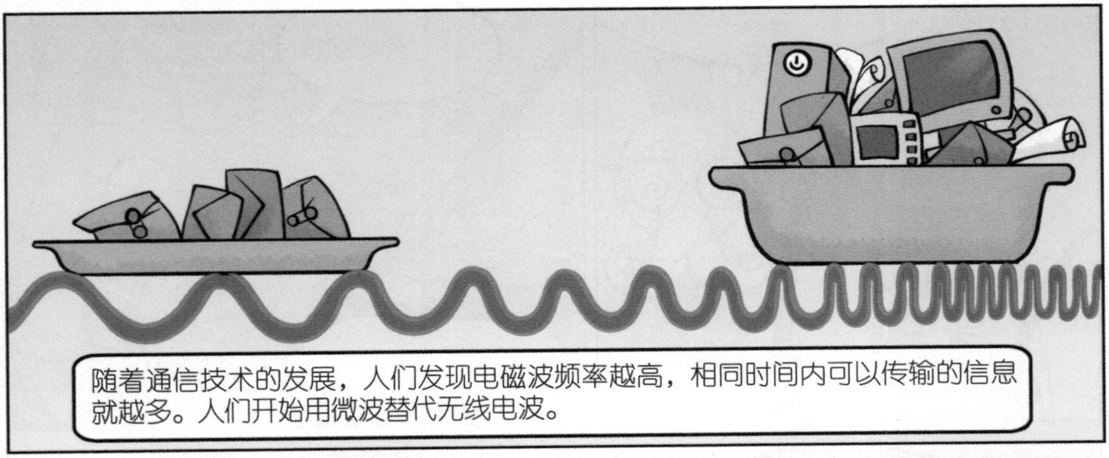

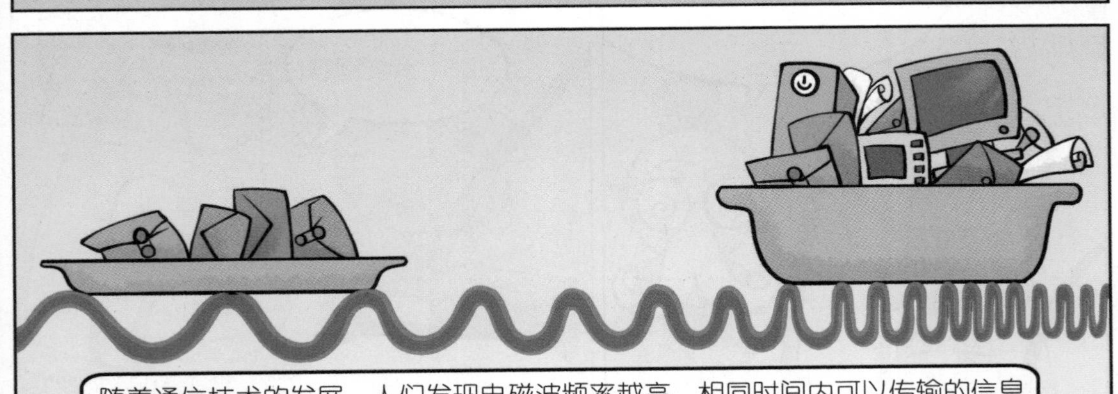

随着通信技术的发展，人们发现电磁波频率越高，相同时间内可以传输的信息就越多。人们开始用微波替代无线电波。

微波是比无线电波频率更高的电磁波，性质更接近光波，大致沿直线传播，不能沿地球表面绕射，必须建设微波中继站。

卫星就是太空中的微波中继站。

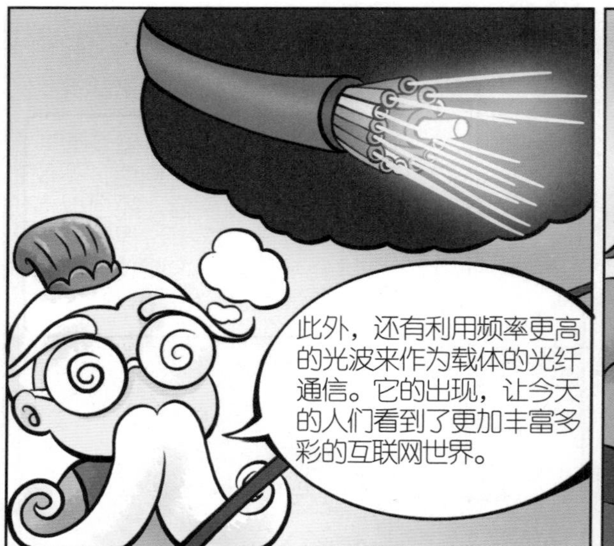
此外，还有利用频率更高的光波来作为载体的光纤通信。它的出现，让今天的人们看到了更加丰富多彩的互联网世界。

Z Z Z

咳！
扯远了，总之，如果以后再有人来偷你的树枝，你就给他推荐这个 BDS。
啊！好的，谢谢文曲星老师！

BDS，我要回家！
主人，请输入你家地址。

地址就是“我家房子”。
唉
算了，你还是继续用你的树枝吧。
?
主人，请重新输入地址……

脑筋体操课

我们生活中也有很多
电磁波的应用呢。

看！路边这么多
塔。这些都是什
么建筑呀？
这些都是“移
动通信基站”。

什么是移动通
信基站？
移动通信基站是通信网络中最
关键的基础设施，相当于一个
电台，可以收发信息。

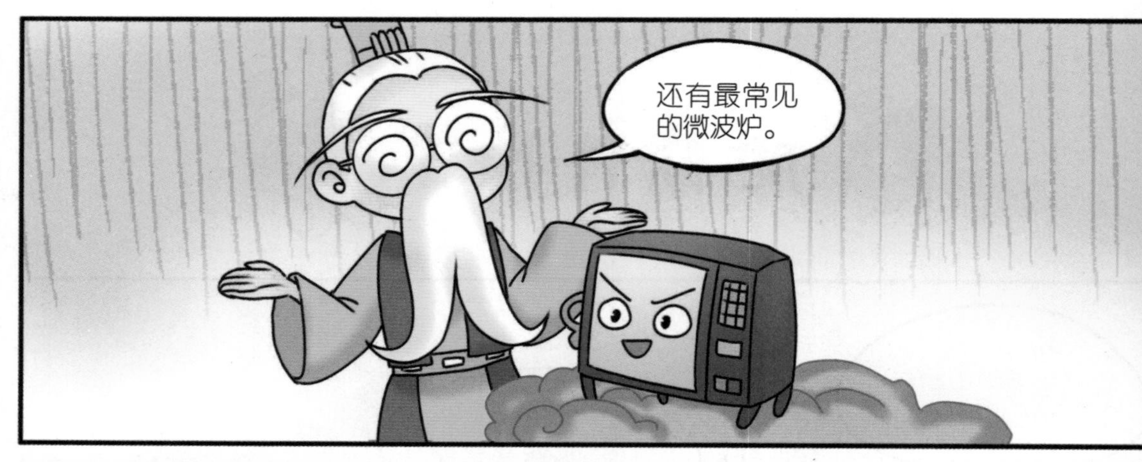

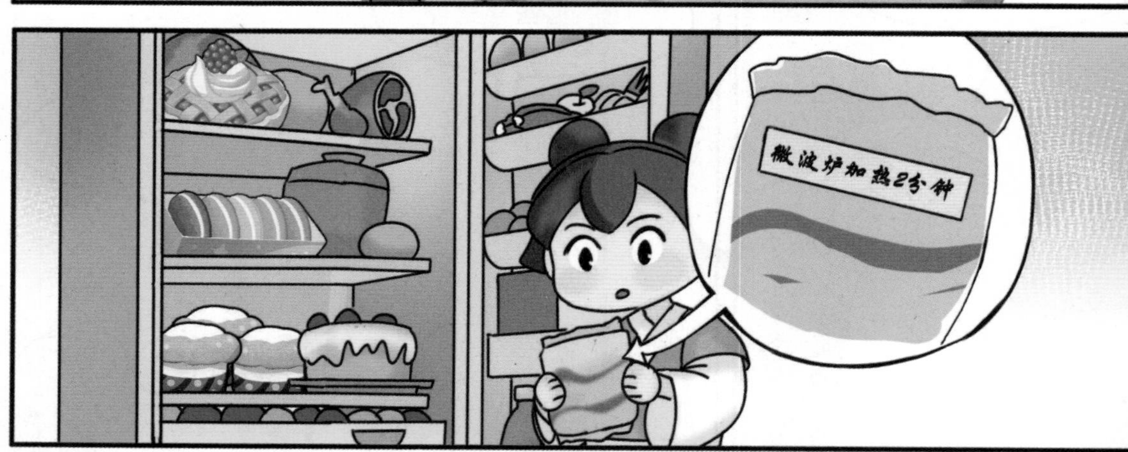

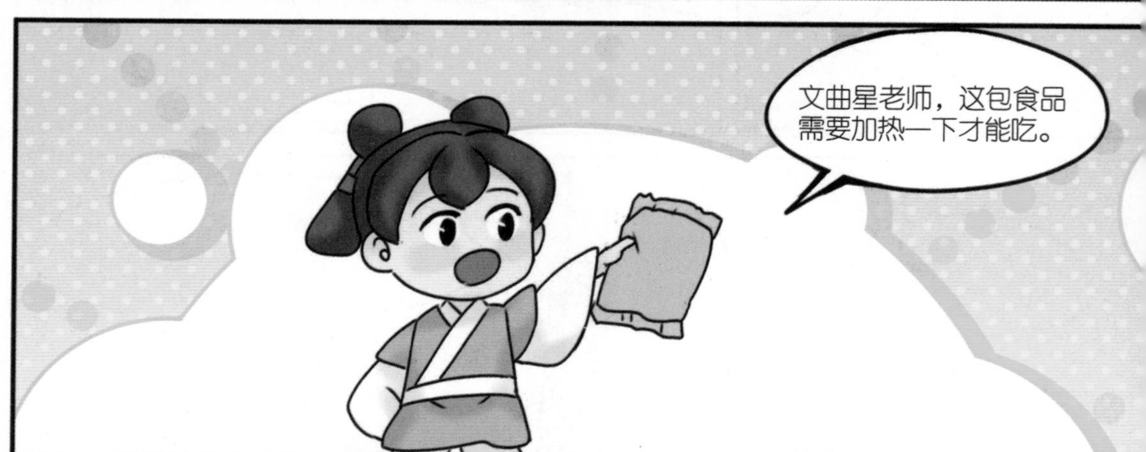

文曲星老师，这包食品
需要加热一下才能吃。

那你知道它们和电磁波
之间有什么联系吗？

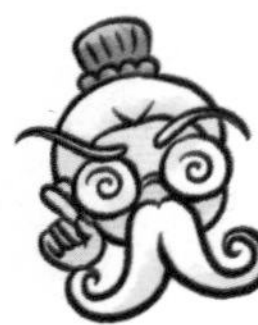

淼叔有话说

我们日常生活中常见的手机就是应用了电磁波的原理。
移动电话可以把你的声音转化为数字信号，并将数字信号以电磁波的形式发射出去，此时它相当于一个无线电台。同时移动电话又相当于一个收音机，能捕捉空中发射的电磁波，并将电磁波转化为声音，这样就实现了电话两头的通话。手机通信的蜂窝网络和5G 技术也是这个原理。
我就是电磁波！
原来电磁波可以这么神奇！
移动交换中心
市话网

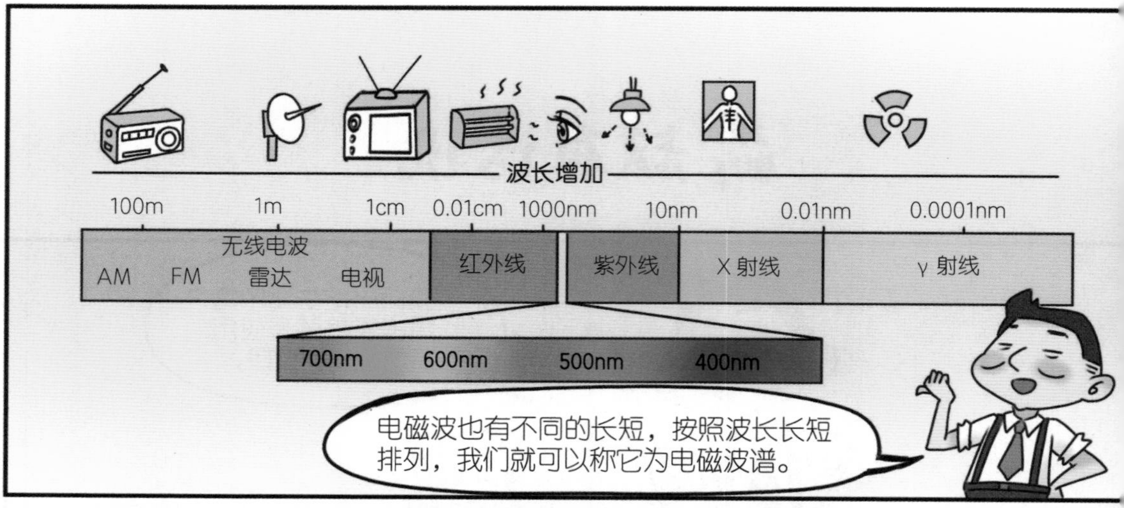

波长增加

100m	1m	1cm	0.01cm	1000nm	10nm	0.01nm	0.0001nm

无线电波 AM FM 雷达 电视	红外线	紫外线	X 射线	γ 射线

700nm	600nm	500nm	400nm

电磁波也有不同的长短，按照波长长短排列，我们就可以称它为电磁波谱。

不同波长的电磁波有不同的作用。

我可以通过聚焦照射，使肿瘤发生局灶性坏死，达到治疗的目的。

γ 射线

通过我的照射，植物会产生变异。植物通过几代培育后，就可以得到优良的品种。

γ 射线

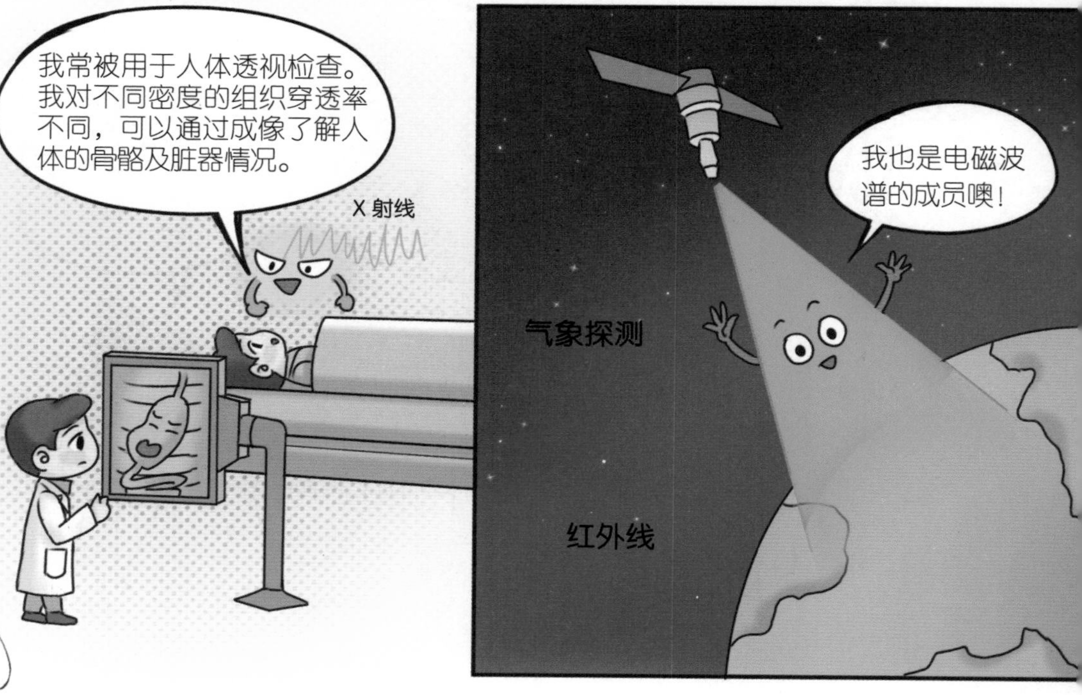

我常被用于人体透视检查。我对不同密度的组织穿透率不同，可以通过成像了解人体的骨骼及脏器情况。

X 射线

气象探测

我也是电磁波谱的成员噢！

红外线

第九章　安全用电

恭贺土地公乔迁新居

恭喜恭喜！“老土”终于搬家了。
恭喜啊！
唉……

怎么愁眉苦脸的，遇到烦心事了？
别提了，新家都弄好了，可是家里没有电，不知道怎么办。

原来是这样，别担心，你看我把谁带来了！
唉？人呢？

救命啊！我最怕狗了。
汪！汪！
哮天，快过来！
原来雷神也怕狗啊！

家庭电路结构
土地公家的入户电线怎么配置啊？
别着急，让我说给你听。

首先，我们要准备两根进户线，它们能把屋外的电引入屋内。
零线
火线
进户线一般由火线和零线组成。

进户线要先连接电能表，这样就能看到这家人用了多少电。

电能表后面有一个总开关，进户线连接到总开关上。

当灯泡等用电设备需要更换的时候，只要关闭总开关，就能保护工人的安全。
此路不通，正在维修。
我知道了！家里电线连接总开关后，就可以用了！
不是的，总开关之后还有一个保险装置。
不愧是文曲星，懂得真不少。
停
保险
你们人太多了，一挤过去电器会坏的。
电线在接通总开关后，一定要连接保险装置。当电流过大时，保险装置能够切断电路，保护电器。
以前，人们用的保险装置都是保险丝。当电流变大时，保险丝就会变得很热，然后断掉。
爸，保险丝
了耶。
啊，明天去买个新的来换吧。
现在人们都用空气开关，更方便一些。通过电流过大，空气开关会自动降下阀门，切断电路。也就是跳闸。
爸爸，空气开关跳闸了，要换一个吗?
不用，等把电路修好，就可以再打开用了。

火线、零线和接地线
终于能看我的足球赛了。
危险！
砰！

你就是这么性急……

好啊，雷公，都是你在捣乱！
可不是我，是你太着急了，没听我把话说完。

进户线有两条，但是房子里面的电线有三条，分别是火线、零线和接地线。

人们常用不同颜色来标记电线。火线是红绿黄三色，零线多是黑蓝两种。接地线一般是黄绿相间的。

插座上接了火线和零线，形成电路，电视就能看了。

天庭TV

马赛克

本台记者太白金星第一 间前往

插座一定要有接地线，它可以在电器漏电的情况下，把电流引入大地，保护人们的安全。

雷公说得没错。刚才的爆炸是由于你乱接电线，而且电视机的质量也不好，导致漏电。

哼，我要找卖我电视的财神算账。

财神

我是无辜的吧！

试电笔、火线和零线

专业的事情还是要给专业的人做。
那是当然。别着急，我们只剩最后一步了。

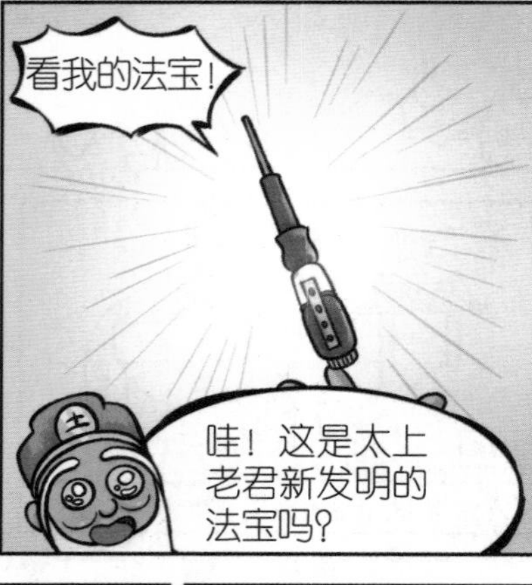
看我的法宝！
哇！这是太上老君新发明的法宝吗？

这可不能说。
有我才能拥有。

什么呀，可别卖关子了。这个叫作试电笔，是凡间的发明。我在五金店里见过。
还是文曲星老弟厚道！

其实，试电笔是用来测试火线和零线是否接通正确的工具。

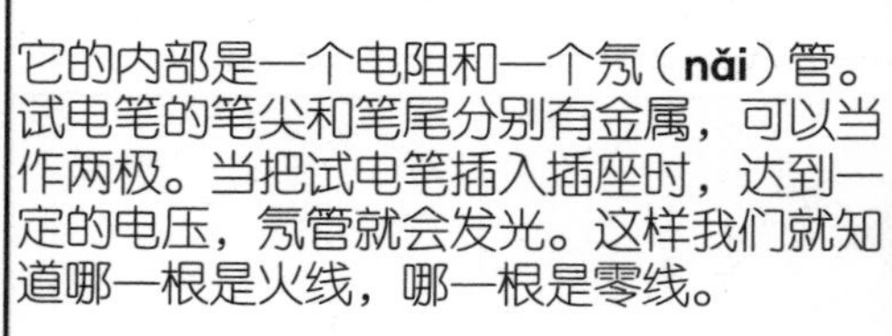
它的内部是一个电阻和一个氖（nǎi）管。试电笔的笔尖和笔尾分别有金属，可以当作两极。当把试电笔插入插座时，达到一定的电压，氖管就会发光。这样我们就知道哪一根是火线，哪一根是零线。

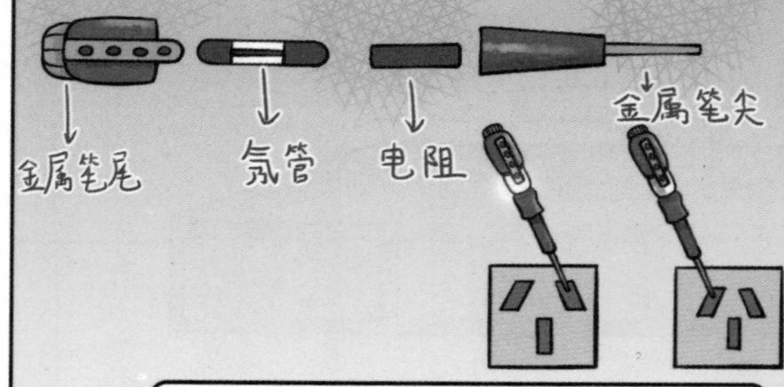
金属笔尾
氖管
电阻
金属笔尖
火线对大地电压为 220 伏，零线为 0 伏。

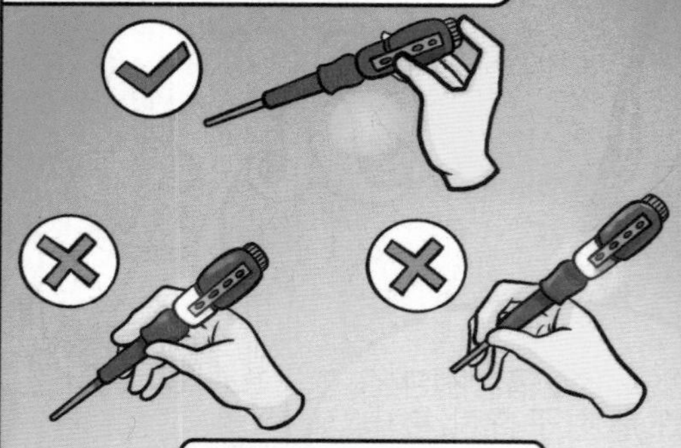
试电笔有两种。一种使用时要按压金属笔卡，另一种要用手按住金属笔尾。
千万要注意哦，测试时不能碰到笔尖，不然会触电的。

是这样用吗？

唉呀呀！
看来得把土地公送去你们的电工培训班学习一段时间了。
嗯。

脑筋体操课

你确实是被电到了，这是漏电了啊。

为什么会漏电呢？

因为这台电视机已经很老了。你触摸到了它的外壳自然就会被电到。

好痛，为什么丢我？

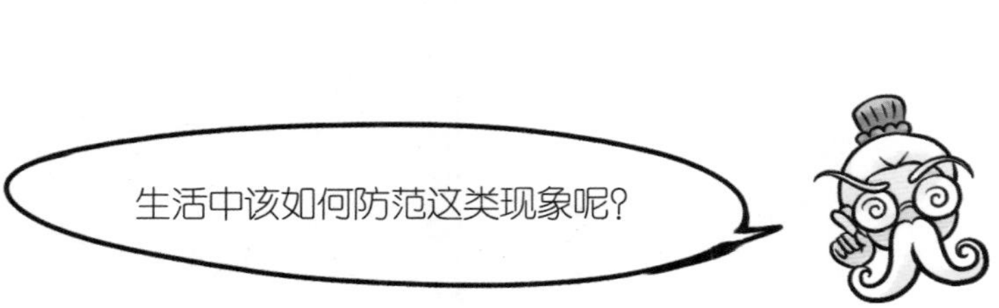

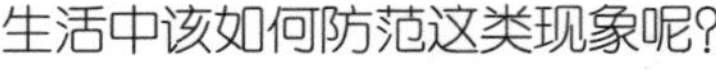

淼叔有话说

雷雨天气，应暂
停使用电器，并
拔下电源插头。

大家还知道生活
中有哪些安全用
电的常识吗？
不要使用破损、
老化的电器。
不要超负荷使用电
器，防止引发火灾。
家用电器起火
时，应先切断
电源再灭火。
安装修理家用电器
设备要找电工，严
禁乱拉乱接电线。

大闹物理天宫

力 2

李淼 著
云读 绘

天津出版传媒集团
天津科学技术出版社

团队介绍：

出 品 方： 桔实文化

出 品 人： 张雪松

出版统筹： 郑本湧

文稿编辑： 唐湘芸 刘俊翼

特约编辑： 周思益

整体创意： 李 淼 云 读

脚本执行： 张玉萍 张艾昕

绘 制： 田莹莹 张盼盼 韩鲤鲤 杨梓淞 左 诗 肖伊彦榕

序

我是李淼，大家都叫我淼叔。我是一位物理学家，也致力于物理知识的科普。物理学是一门非常重要的学科，被誉为“自然科学的带头学科”。物理学研究物质的结构、物质的运动规律、普遍存在的相互作用等。物理学研究的对象很广泛，小到微观世界中的各种粒子，比如电子、中子、质子等，大到游弋在广袤无垠的宇宙中的天体，比如太阳、月球、水星、金星等。可以说，物理学研究的对象无处不在。

我们为什么要学习和研究物理学？因为物理学与我们的生活息息相关，我们无时无刻不在与物理现象打交道。现在，你可以拿住这本书而不滑落，是因为存在摩擦力；你可以看到这本书的文字，是因为光的反射；你可以坐在凳子上而不陷下去，是因为凳子给了你向上的支持力。了解和利用物理学知识可以帮助我们更好地生活。

物理学是每个孩子步入初中校园后会接触到的一门重要的学科。“千里之行，始于足下。”学习知识不能一蹴而就，而要讲究方法，一个良好的开端非常重要。要先培养起孩子对物理学的兴趣，这样才能让他们主动地进入这片知识的海洋中，去自由探索和汲取养分。这套《大闹物理天宫》正是为了实现这样的目标而创作的。它以中国传统文化中耳熟能详的神仙为切入点，包括了文曲星、千里眼、顺风耳……然后用情景故事向孩子讲解基础的物理学知识。整套书共分为六册，涵盖了物理学科的六个主题：电、力、光、声、物质、能量。全书从基础的物理概念着手，一步一步引导孩子围绕每个主题建立起基础的知识框架，拓展视野，提高学习能力。

希望孩子们能够对物理感兴趣，了解物理、学好物理，并爱上物理。

李淼

出场角色表

文曲星：中国神话中主管文运的星宿。文采非凡的人会被形容为“文曲星下凡”。

淼叔：物理学家。

千里眼：视力非常好的神仙，出现在《西游记》和《封神演义》中。

顺风耳：听力非常好的神仙，出现在《西游记》和《封神演义》中。

赵云：字子龙，三国时期的名将。

项羽：秦朝末年的军事家和政治家，被誉为“西楚霸王”。

苏轼：北宋时期的文学家。

曹冲：三国时期曹操的儿子，天资聪颖。

童子 1：天宫中的童子。

童子 2：天宫中的童子。

童子 3：天宫中的童子。

豹妖：由豹子修炼成的妖怪。

狐妖：由狐狸修炼成的妖怪。

猪妖：由猪修炼成的妖怪。

鱼妖：由鱼修炼成的妖怪。

目录

第一章　力是什么　01

第二章　运动和力　09

第三章　弹力　17

第四章　重力　25

第五章　摩擦力　33

第六章　压强　41

第七章　浮力　49

第八章　功和功率　57

第九章　简单机械　65

文曲星，
文曲星！
金榜题名
串联电路
540
电阻 = R
保佑我这次物理
考试考高分！

第一章　力是什么

Z Z Z
月
放假
文曲星老师!
文曲星老师!
文曲星老师!
哎!哎!
文曲星老师!
文曲星老师，您醒啦！
我的鸡腿！我的鸭脖！我的火锅！

降妖台
降妖台？
那里关着一些犯错的妖怪。他们都被捆妖锁绑着，现在捆妖锁的法力越来越弱了。
这和运动会有什么关系呢？

他们现在没有法力，除非在运动会中战胜对手赢得仙露。
喝了仙露之后就能恢复法力，离开降妖台。

PK！
他们要和谁比赛？
我们要去人间寻找他们的对手，让同样没有法力的人类和妖怪们比赛，这样才能保证运动会的公平。
这就是降妖台了。
好大的门！
咦？推不动啊。
推
别推了，你们这点力气是推不开的。要学会用“力”。

哎呀，好痛。

弹开

小心点！力的作用是相互的，你给门多少力，门也会反过来给你多少力。

吱～
你们站在我身后，一起用力。
好！
好多妖怪！
文曲星，又要举办运动会了吧。这次赢我可没那么容易！
豹哥和他废什么话。老头儿，你这次不会要让一群小娃娃来和我们比试吧。
哼！我可不想和这群人类幼崽比赛，他们哭了，还会说我欺负小孩子。

力的作用效果
文曲星大人，你快来给我松松，这捆妖锁越来越紧了。
狐狸你怎么又胖了？！上次刚给你松过捆妖锁。
我们趁机学习一下力的两个作用效果。
推开
我们用力推开门，使静止的门的运动状态发生了改变，这是力的第一个作用效果。
力的第二个作用效果是可以使物体发生形变，就像狐狸身上一圈圈被勒出来的肉。
别废话了，快给我松一松。

脑筋体操课

宇宙中任何两个物体之间，大到天体，小到灰尘，都存在着相互吸引的力，这就叫作万有引力。

灰

尘

重力是万有引力的一种，指地球对我们所有物体的吸引力。

旋转、跳跃，我不停歇。

抓

宇宙这么大，我想去看看。

不，你不想。

除了重力，生活中还有哪些力呢？

淼叔有话说

当我们用到弹力时，
我们的肌肉和韧带
会像弹簧一样缩短，

韧带

肌肉

然后突然放松，让我
们的身体弹起来。弹
力就是物体发生弹性
形变而产生的力。

你去哪儿？

我也要吃。

没，没了。

都说狐狸狡猾（谐音是“脚滑”），我看你脚底的摩擦力一点也不少。
什么是摩擦力？
准备跑步时，脚底和地面之间会有阻力，这个阻力就是摩擦力。
狐狸，你又偷拿我的零食。
零食
这是鱼妖，最擅长跳水和游泳。
快放我出去，我可不是宠物鱼！
扔
游泳的时候会用到浮力，浮力是液体施加给物体的向上的力。
我们该出发了！
去哪儿呀？
我们要去人间找到优秀的运动员。
鸡腿、鸭脖、火锅，我来了！

第二章　运动和力

这就是“仙界动车站”，是我们天宫的一级工程。我们去买票吧。
仙界动车站
哇，好气派！

洗手间左拐。矿泉水三元，泡面五元。
咳咳！
啪嗒

文曲星，你怎么来了？

有去人间的票吗？
有！多少都有！管够！

顺风耳呢？
他在里面呢。我这就领你们进去。
今日票已售完

惯性
抱
文曲星，什么风把你吹来了？
动车站无聊死了，快来和我玩游戏。
行了，行了。文曲星还有正事要办。
这么多孩子都看着呢。
揪
大家找到自己的位置，系好安全带，不然路上可能会因为惯性摔倒哦。
什么是惯性？为什么会摔倒？
惯性就是物体保持它原来静止或匀速直线运动状态的性质。
车子突然启动或者停下，身体就会为了保持原来的状态发生倾斜。

都坐好了吗？我们要出发喽！
去给孩子们拿点好吃的。
有鸡腿、鸭脖吗？
只有薯片和冰激凌。
刹车
千里眼！搞什么鬼？！

牛顿第一定律

又是你在偷吃！

还好拦住了，不然它就会一直飞到列车尽头了。

这就是牛顿第一定律啊。

牛顿第一定律？

当物体没有受到力的时候，就会保持静止状态或者匀速直线运动状态。

牛顿第一定律说的就是物体不受外力的运动状态。

别怕，我来了！

推

牛顿第一定律又叫作惯性定律。

惯性不是一种力，一切物体都会有惯性，与外界条件无关。

惯性的利用和防范
我们玩滑梯的时候会自行下滑，很多人认为这是惯性的作用。
其实，这是重力克服摩擦力的结果，不是惯性的结果。
生活中有许多利用惯性的例子。
比如跳远运动员会助跑，利用自身的惯性在空中前进，来提高成绩。
牛顿第一定律告诉我们，
力不是维持物体运动的原因，力是改变物体状态的原因。
当然，惯性也会带来危险。为了防止惯性给我们带来的伤害，现在的车里才会有安全带和安全气囊。
快回去工作！
哼！
我们到了！
文曲星，回来的时候别忘了给我带些好吃的和好玩的。
别看了，他们走远了。

脑筋体操课

我看到了地球！
牛顿第一定律告诉我们，当物体不受力时，会保持静止状态或匀速直线运动状态。

力可以改变物体的运动状态。当物体受力时，物体会处于什么状态呢？

淼叔有话说

窗边的花盆，受到了力。
悬挂的吊灯，受到了力。
匀速直线行驶的汽车，受到了力。
匀速下降的降落伞，受到了力。
它们都受到了力的作用，也保持了静止或匀速直线运动的状态。这就是平衡状态。
嗨，淼叔。
支持力
重力
我们是一对“平衡力”。
当物体处于平衡状态时，受到的力就是平衡力。

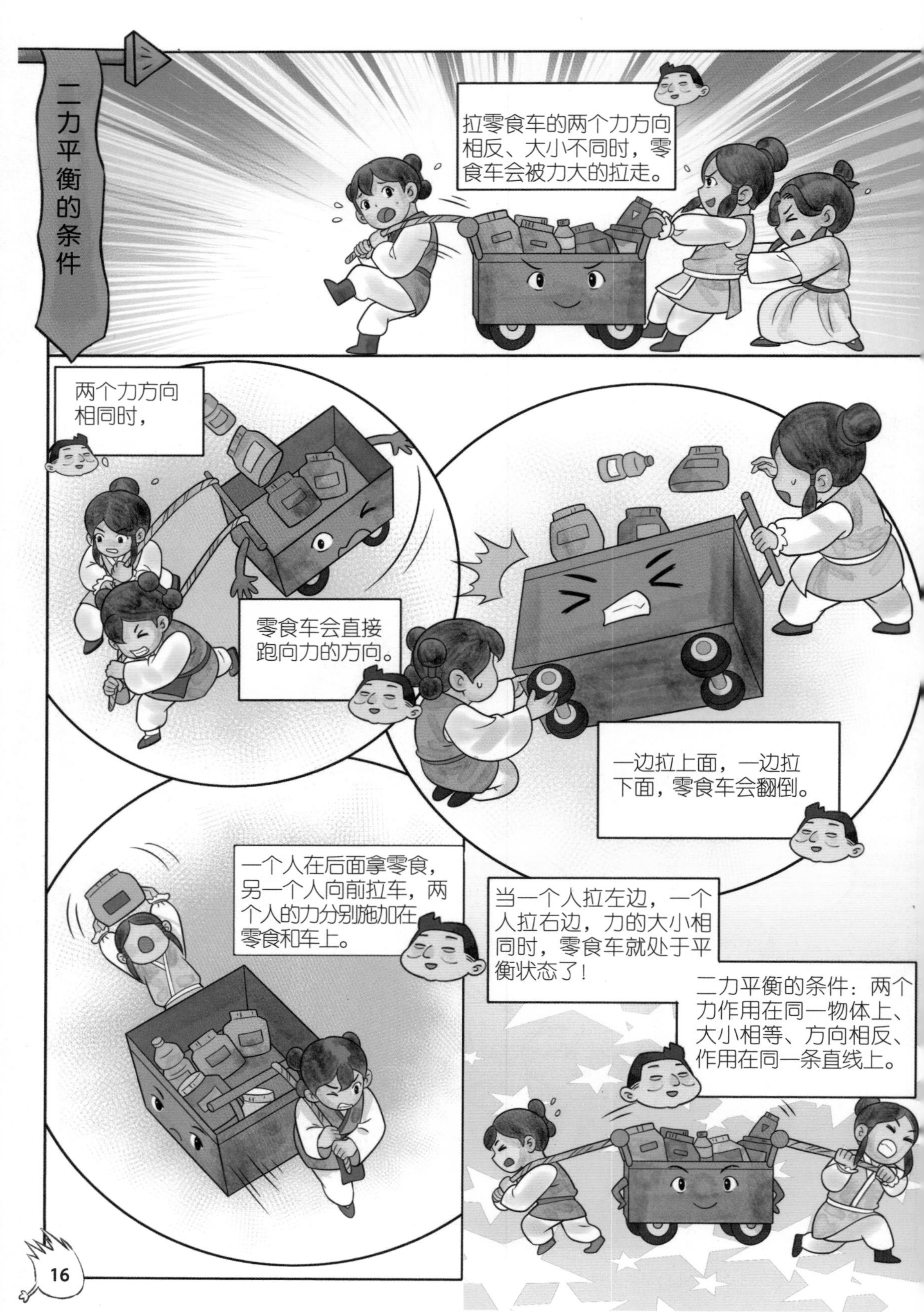
二力平衡的条件
拉零食车的两个力方向相反、大小不同时，零食车会被力大的拉走。
两个力方向相同时，
零食车会直接跑向力的方向。
一边拉上面，一边拉下面，零食车会翻倒。
一个人在后面拿零食，另一个人向前拉车，两个人的力分别施加在零食和车上。
当一个人拉左边，一个人拉右边，力的大小相同时，零食车就处于平衡状态了！
二力平衡的条件：两个力作用在同一物体上、大小相等、方向相反、作用在同一条直线上。

第三章　弹力

战场上，子龙将军带弓箭上阵。

一箭射中敌将的盔缨。

唰！

快逃啊~

子龙将军！

打得敌军落荒而逃。这就是我们的“常胜将军”赵子龙。

说书人

大将军举行了一场射箭活动，大家都可以去参加，也可以观看将军的精彩箭术。

我要去！我要去！

果汁铺

我们去邀请子龙将军参加运动会！

弹性形变和塑性形变
一把好弓，弓弦必须有弹性，这样才能把箭射出去。
弹性是物体的一种性质，是指物体受力时会发生形变，不受力时又会恢复原来的形状。
嘶，屁股好疼。
还有一些物质发生形变后就恢复不了原来的形状了，这种性质叫作塑性。
哗啦
我的泥塑！
啊，打偏了。
这是用橡皮筋做的弓，我们带着去见子龙将军吧。
好！

弹力的定义

大哥，我终于等到今天了。

当初要不是为了救我，你就不会被赵子龙抓住。

牛筋还被做成这把弓的弓弦，小弟我今天一定为你报仇。

将军，可以教我射箭吗？
子龙将军你好帅！
将军，你看我的弓箭。

学习射箭之前，要先知道什么是弹力。
我知道！
就像弹簧！
弹力是物体发生弹性形变而产生的力。

弹力的方向

支持力、拉力、压力也是一种弹力，它们都是由于物体发生弹性形变而产生的力。

这些弹力形变很小，我们不容易观察到。

手对绳子的拉力

童子对床的压力

床对童子的支持力

快追，抓住他！

将军！牛妖偷走了您的弓。

看好了，我们拉开弓的时候，
形变方向
弹力方向
弓弦发生形变，弹力的方向与形变的方向相反。

弹力的大小和弹性限度
糟了，被他
躲开了。
没关系。
弹性形变越大，
弹力越大，箭就
射得越远。

啪！
！
我的弓！

物体的弹性有一定的限度，超过这个限度就不能恢复原来的形状了。

大哥，
我输了。

大家要先学好弹力
的知识，再来用我
送的弓学射箭哦！

脑筋体操课

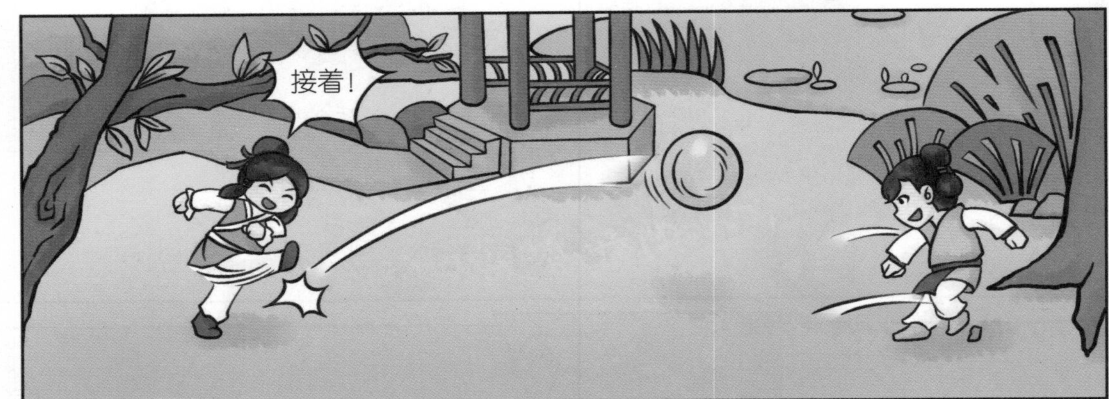

淼叔有话说

我来啦！

没事的，球没
打到你。

当物体接触的时
候，不一定会产
生力的作用。

相反，产生力的物体，
也不一定要接触。
磁铁不用相互接触，
就可以产生排斥力。

弹力的产生一定要物体相互接触。如果我们隔空拍球，即使再用力，球也不会产生变化。
……
但如果我们给球施加一个力，球就会产生形变。
戳
这个时候才会产生弹力。
物体受力不一定互相接触，有接触的物体不一定受力。
（1）物体直接接触。
（2）产生弹性形变。
产生弹力需要满足两个条件：

第四章　重力

这是我的小狗，我能抱着它跑一圈。

我有一个超大的玩具熊，我一只手就能举起它。

我也能一只手举起小狗，还是我的力气大。

!
汪!

我看还是我的力气更大。

还记得牛顿吗？
为了纪念牛顿发现了万有引力，人们用他的名字“牛顿”作为力的单位，简称“牛”，用“N”来表示，而力用“F”来表示。

重力的方向
除此之外，牛顿还发现了物体所受的重力和物体的质量之间的关系。
这也是我发现的！
物体的质量越大，它所受的重力就越大。

你的质量比小狗和熊都大，我又能单手提起你，所以我的力气更大。
怎么有股味道？
我的脚！

由于地球对我们有吸引力，所以重力的方向永远竖直向下指向地心。
站住！以后不准随地大小便。

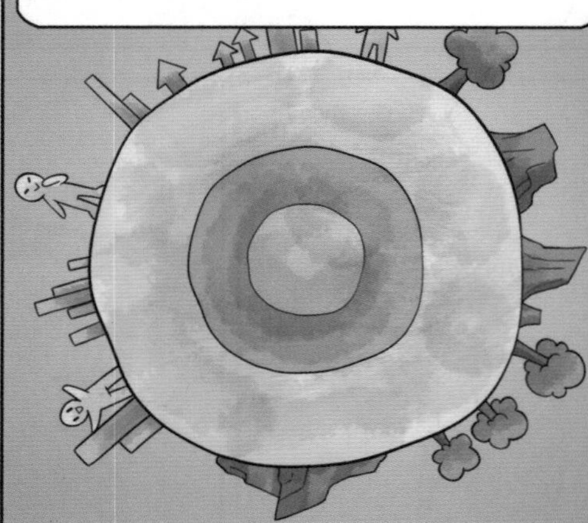
竖直向下的意思不是和地面垂直，而是永远指向地心。

老师，那边
有很多人。

好大的石头。
走，我们
看看去。

这下怎么办
呀？都没法
去赶集了。
好大的
石头！
也不知道
哪来的石
头，唉。

让一让，
让一让。

是“西楚霸王”
项羽！我们有
救了！
传说他能轻松
举起几百斤重
的大鼎呢！

重心
好！谢谢霸王！
我们又找到了一位运动员。

啊，天亮了？

石头动了！妖怪啊！
别怕，我是个好妖。

昨天，我在山顶修炼。天空突然打雷，我一时重心不稳，就摔下来了。
落到地面的时候太累了，就睡着了。

物体的重心
老师，重心是什么心？
重心就相当于重力的作用点。

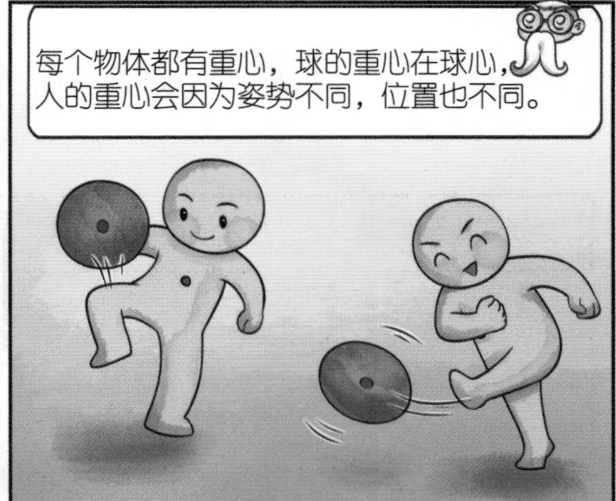
每个物体都有重心，球的重心在球心，人的重心会因为姿势不同，位置也不同。

找到物体的重心对我们掌握平衡非常重要。我们学习骑自行车时，身体重心偏向一侧，就很容易摔倒。
哎哟！

只要学会调整身体的重心，就能很快学会骑车了。

脑筋体操课

当我们扎马步的时候，我们的重心在身体下方。
我快坚持不住了。

当我们跨越栏杆的时候，重心又改变位置了。

物体重心的位置
该怎么确定呢？

淼叔有话说

你们快来一起练功。
重心
球的重心在球心的位置，不倒翁的重心在它的下方，人直立的时候，重心大概在肚脐偏下的位置。
像球、箱子这种质地均匀、外形规则的物体，它们的重心就在它的几何中心上。
重心
等等，我快赢了。
那橡果的重心在哪儿呢?
重心
确定质地不均匀、形状不规则的物体的重心，可以用悬挂法。

我们先用细线绑住橡果，
然后悬挂起来，接着记录
细线延长线的位置。
延长线

换个角度悬挂橡果，再记下延长线的位置。

延长线相交的点就是橡果的重心了。

重心

物体的重心不一定在物体上。

我们跨栏时，身体的重心在人体上，但是呼啦圈转动时，它的重心在它的几何中心而不是在呼啦圈上。

第五章　摩擦力

文曲庙

老师，我肚子好饿。

前面就是文曲星庙了，里面肯定有很多吃的。

121、121。

踏

踏

踏

老板你这刀有点钝啊。

老王肉铺

摩擦力
老师，我们吃肉吧。
先等我把刀打磨一下。
为什么要磨刀？
因为有摩擦力，可以把刀打磨得更锋利。
沙沙
当两个相互接触的物体，发生相互运动时，
沙沙
磨刀石
就会彼此阻碍，产生摩擦力。
为什么不用那块磨刀石？
经过不断的摩擦，石头表面会变得越来越光滑，
摩擦力就会变小，就不适合用来磨刀了。
顶不住了！

接触面越粗糙，摩擦力越大。我们抓鱼的时候，鱼很容易从手里滑走。

你才抓不到我！

抓到你了！

如果我们戴一个表面粗糙的手套，鱼就跑不掉了。

老王！

快来接一下。

苏轼，你又在山上捡那么多菜！

快分一分，扛着太累了。

摩擦力的大小也与压力有关。拿走一部分菜，压力减小，脚与地面之间的摩擦力也会减小。
东西少了就是轻松，老王，给我来点肉。
好的。
踏踏

利用与减少摩擦力

你就是苏轼吗？
我会背你的诗！
没想到出门也会
见粉丝，我请你
吃东坡肉。
那我请你来参加
我们的运动会。

我这儿有滑雪
板和一些镁粉，
大家先用上。
镁
粉
要滑
过去？
苏轼家
好滑呀！
啪

摩擦力可以分
为有益摩擦和
有害摩擦两种。
擦
我们还要学会
增大有益摩擦，
减小有害摩擦。

手与滑雪杆
之间的摩擦
是有益摩擦。
镁粉可以增大接触面的
粗糙程度，用力握杆可
以增加压力，增大有益
摩擦力。
推
滑雪的时候，雪与鞋
底的摩擦是有害摩擦。
我们需要减小它，
可以用更光滑的
滑雪板。
哈哈哈哈，
出发喽！
东坡肉，
我来啦！
啊，好
可怕！
等等我，我
也要吃肉！
唰！！

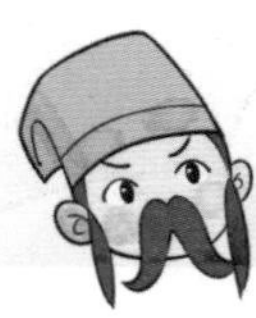

脑筋体操课

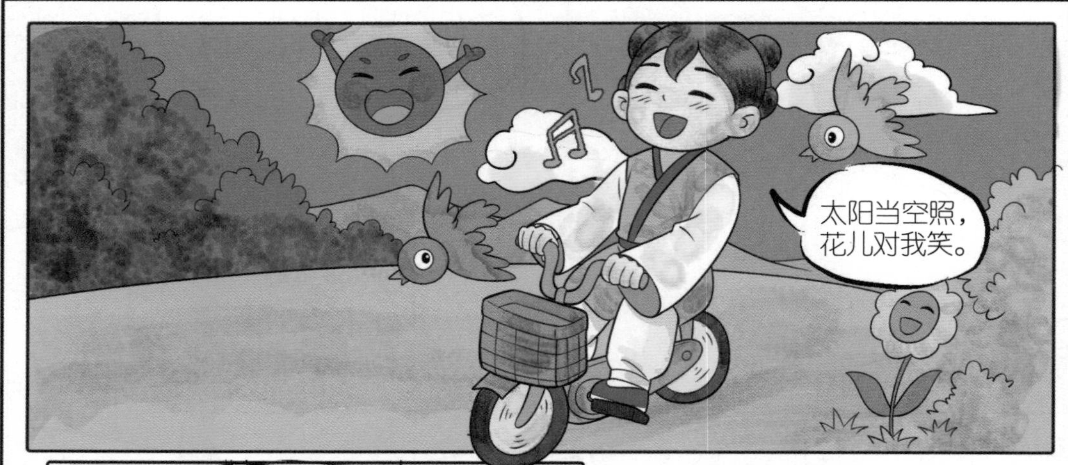

太阳当空照，
花儿对我笑。

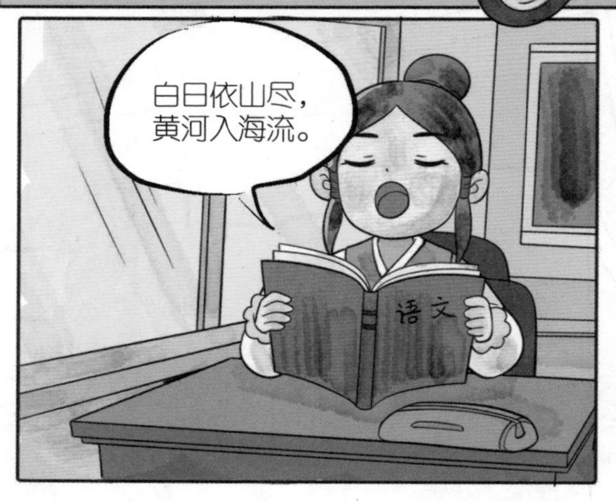

白日依山尽，
黄河入海流。
语文

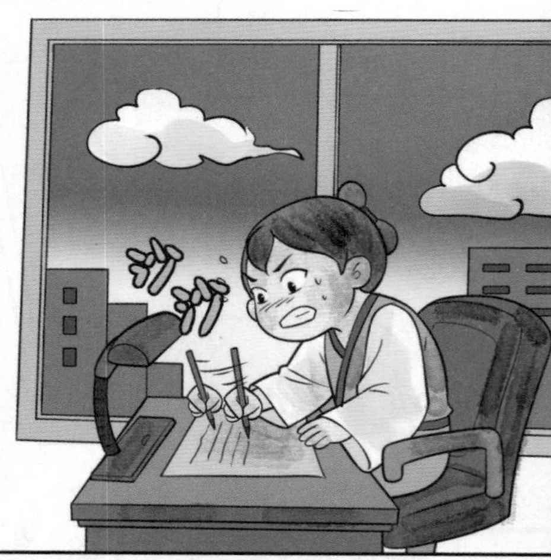

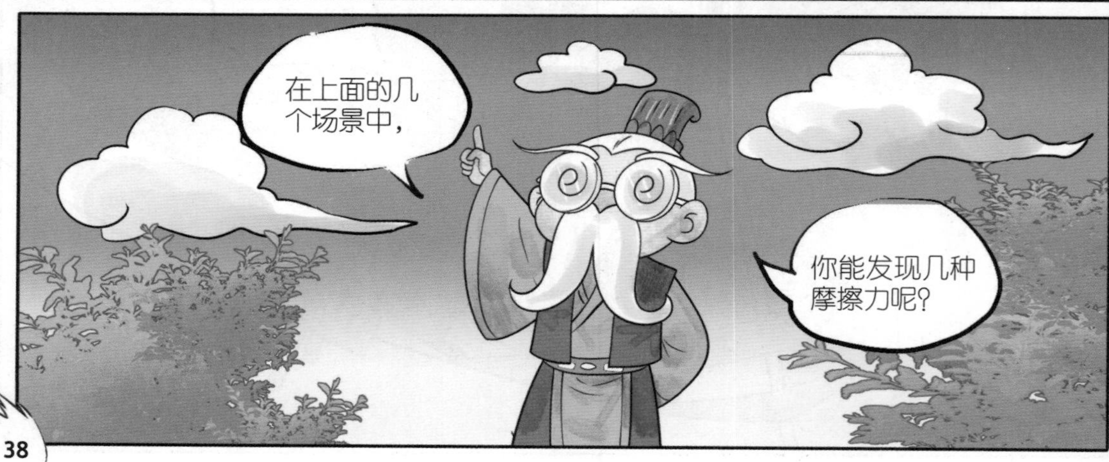

在上面的几
个场景中，
你能发现几种
摩擦力呢？

淼叔有话说

如果教室里的摩擦力突然消失，
坐在座位上的学生会突然滑动，
讲台上的老师会瞬间失去平衡，
手里的物品会突然滑落，
教室里的电子设备会发生移位、损坏。
飘
起
生活中处处都离不开摩擦力，摩擦力分为三类，分别是：滑动摩擦力、静摩擦力、滚动摩擦力。

当一个物体在另一个物体表面滑动时，会受到另一个物体对它的阻碍，这个阻碍的力就是滑动摩擦力。
呼
呼
摩擦力
运动趋势
扫地时，扫把和地面之间的摩擦力就是滑动摩擦力。
摩擦力
运动趋势
两个互相接触的物体只有相对运动趋势，但没有发生相对运动，彼此相对阻碍的力就是静摩擦力。
运动员起跑时脚底与地面的摩擦，手握瓶子时手与瓶子之间的摩擦，都是静摩擦力。
嗖
运动趋势
我们看谁先到学校。
摩擦力
滚动摩擦力在生活中也处处可见，汽车、自行车的车轮与地面之间的摩擦力都是滚动摩擦力。滚动摩擦力的接触面一直在变化着。

第六章　压强

压强
为什么滑板在雪地上的痕迹那么浅？我明明比鸭子重。
嗅 嗅 嗅

压力的作用效果不仅与压力的大小有关。
我也有脚印。

滑雪杆没有滑板重，但能轻易陷进雪里。

压力作用的效果还跟压力的受力面积有关。F 表示压力，S 表示受力面积。
p=F/S
物体所受的压力的大小与受力面积之比就叫作压强，用 p 表示。
F
S

增大或减小压强
P=F/S
由公式可以看出，增大压力或减小受力面积，
可以增大压强。
P=F/S
减小压力或增大受力面积，可以减小压强。
啄木鸟治树，
啪
用针戳破气球都是通过减小受力面积来增大压强。
用锤子砸钉子，
则是通过增大压力来增大压强。
汽车用宽轮胎、化妆用化妆棉，
都增大了受力面积，压强变小。
减小压力也能减小压强。把书包里的书本拿出来一些，就不会感到勒肩膀了。

刚刚没水时还能拔出来，怎么有水就拔不出来了？
因为液体也有压强。
水对池底的橡皮塞有向下的压力，所以对橡皮塞产生压强。

因为水有流动性，所以我们把装满水的瓶子从侧面戳出一个小孔，
水就会流出来。

如果戳两个孔，你就会发现水流的距离不一样。
好神奇！

你们游得太深啦！

我要游不动了，身体好重。

这是因为液体的压强与液体的深度有关，

越深的地方压强就越大。

大气压强
空气和液体一样受到重力的作用，空气也有压强吗？
空气的压强叫做大气压强。
从前有一个人叫作马德堡。
他进行了一个著名的实验，证明了大气压强的存在。

把两个半球灌满水后合在一起。

抽出里面的水，使球的内部没有空气，达到真空的状态。

让马拉球？我一下就能拉开了。

拉！

马德堡半球实验
大气压
拉力
拉力
大气压
竟然没拉开？！
球受到向左和向右的拉力，但来自四面八方的大气压压住了它，所以才不容易被拉开。
再加八匹马！
加油！
嗞！
开了！
大气压强是存在的！大气压强非常厉害！

脑筋体操课

当你趴在窗边睡觉，忽然沿着窗边吹过一阵风，窗帘会飘向窗外。
太阳好刺眼。
汽车经过时，路面上方会扬起尘土。
咳咳咳。
吹
当在两张纸的中间向下吹气时，纸张又会怎么运动呢？

淼叔有话说

1912 年秋天，当时世界上最大的轮船之一“奥林匹克”号在海上全速前进。
船长，距我们 100 多米处有艘巡洋舰。
距离那么远，不影响我们继续行驶。
船长！船长！冲、冲过来了！
我看到了！快改道，避开“霍克”号！
唰
唰
不要加速啊！控制不住了！
轰！
有人落水了。
我们快过去救人。

流体压强
气体
液体
明明离那么远，为什么会相撞呢？
液体和气体都有强，当液体和气处于流动状态时也会产生压强，们称为流体压强
流速变慢，压强变大
流速变慢，压强变大
流体在流速大的位置压强小，在流速小的地方压强大。
流速变快，压强变小
当船前进时，两船内侧的水流速度快，水压就小；两船外侧水流速度慢，水压就大。外侧受的压力大于内侧，两艘船就在压力差的作用下发生了碰撞。
飞机的机翼也是根据流体压强的原理设计的。
机翼上方是弧形的，下方是平的。相同时间内，流经上方的空气走过的路径长，所以流速快；
起飞喽。
流经下方的空气走过的路径短，流速慢。这样，下方的压强比上方的大，就产生了升力。
P

第七章　浮力

浮力
为什么小鱼在水里就不会沉底呢？
当然是因为它会游泳啊。
那是因为浮力。
那船不会沉底也是因为会游泳吗？
小船、漂在水上的木头、鸭子，它们都受到了重力的作用，但都没有沉入水底。
因为水给它们提供了向上托起的力，这个力就叫作浮力。
看！是大象。
下雨了？

物体的沉浮条件
这真是我见过最大的大象了。谁有办法能称出它的体重？
我们做一个能装下大象的称
就算再大的称也称不了大象。
父亲，我有办法。
你们的船能借我用用吗？我想用它来测量大象的体重。
船怎么能测量体重呢？
因为有浮力的作用啊。
在水中，当物体所受的重力大于浮力时，物体就会下沉。
重力
好重呀！
浮力
当物体所受的重力小于浮力时，浮力就会托着物体上浮。

当上浮的物体露出水面后，浮力减小。当重力和浮力相等时，物体就会处于漂浮状态。
我们利用这个原理就能测出大象的体重了。
吃
现在重力和浮力相等，我们在船身和水面接触的地方做一个标记。
快过来帮忙啊。
我儿好聪明！
我们用同一艘船装石头，装到水面到达标记的位置，这样石头的重量就是大象的重量了。
这有什么用呢？

阿基米德原理
曹冲，你懂得好多！
这算什么？我还知道大象的浮力是多少。

只不过大象太大了，我可以用其他例子告诉你们。

我可以测出这个苹果在水中的浮力。

我把苹果放进装满水的杯子里，杯子里的水会被排出一部分。
排开的水所受的重力，就是苹果所受的浮力。
F浮=G排
放我回去！

曹冲，你来参加我们的运动会吧！

浮力的应用
浮力在生活中随处可见。我们乘坐的热气球，利用了空气的浮力。
人类从一开始利用浮木过河，到现在发明出越来越大的轮船，也都是浮力的功劳。
潜水艇两侧有水舱。当水舱充水时，重力大于浮力，潜水艇下沉。当水舱排水时，重力会慢慢变小，当重力小于浮力时，潜水艇就会上浮。
潜入

脑筋体操课

吹
往气球中吹气，
松开手，气球会落地。
落
下
在气球中打入氢气，气球会飘在空中。
氢气可以带我去任何地方。

同样都是气体，为什么气球受到的浮力会不同呢？

淼叔有话说

吹的气球飞不起来，氢气球可以飘在空中,这是因为气体的密度不同。
你好重啊。
拉
密度是什么?
密度就是物体的质量和它的体积的比值。
好沉。
同样大小的足球和铁球，铁球会更重，密度也更大。
人呢?
我在这儿。
一斤铁和一斤棉花的质量相同，但棉花的体积更大，所以密度更小。

快拉住我，我控制不住自己啊。
氢气
氢气的密度比空气小，所以氢气球能飘浮在空中。
石头的密度比水大，所以会沉入水底。
沉
嗨！
让我下去！
你下不来啊。
油的密度比水小，把油倒进水里，油会浮在水面上，产生明显的分层现象。
在水中，如果没有游泳圈，我们会沉在水底，因为人的密度比水大。
在死海中，我们不需要任何工具就能漂浮，因为死海的密度比人体的密度大。

第八章　功和功率

运动会
天宫运动会
欢迎大家参加天宫运动会！
究竟是妖怪们一雪前耻，
豹哥！
豹哥！
还是仙界代表队更胜一筹呢？
加油！
加油！
让我们拭目以待吧！

功
这次，我一定会成功！
你省点力气，说不定一会儿还能多做点功。
猪哥必胜！
做什么功？
我说的功可不是功课的功，也不是成功的功，而是力学中的功。
一个力使物体在力的方向上移动就是做功。
F
W
力
力
s
W = F × s
那我背书包走了好远，是不是做功？
我用力抬杠铃，我做功了吗？
没有哦，只有力。但杠铃并没有在力的方向上移动。
就没有做功。
也没有，有力，也有移动的距离，
但距离不是在力的方向上移动的，所以也没有做功。

功率
猪哥加油！
霸王先举起了杠铃！

啊，苏轼赢了！

我不服！
猪哥辛苦了！
霸王和猪妖、苏轼和狐妖做功一样多，但霸王和苏轼用时更短，说明做功更快。就像用速度表示运动的快慢一样，做功的快慢用功率来表示。

要吃吗？

西瓜！

哪来的西瓜？

霸王和子龙将军在比赛搬西瓜，看谁在5分钟内搬得多。

这样看来，是霸王做的功更多。

霸王和子龙将军用时相同，但霸王做功更多，说明功率更大。

功

快来吃瓜了，补充一下能量，一会儿比赛。

我要赢！

物体能做功，我们就说这个物体具有能量，简称能。

物体做的功越多，说明物体的能量越大。

还是我更快！

动能和势能
物体由于运动而具有的能，叫作动能。
一切运动的物体都具有动能。
这次我肯定能赢！
大王好厉害！
高处的物体所具有的能，叫作重力势能。
赵
狼
物体由于发生弹性形变而具有的能，叫作弹性势能。

脑筋体操课

啊
想坐吗？
好可怕！

唰—
唰 唰唰
好吧，确实
挺可怕的。
呀！

你们知道过
山车有几种
能吗？

淼叔有话说

生活中有各种各样的能。
吹起风筝的风，具有风能。
让水车运作的水，具有水能。
从高处流下的水，具有势能。
将冰激凌烤化的太阳，具有太阳能。
运动的自行车，具有动能。
动能和势能统称为机械能。

一个物体可以既有动能，又有势能，比如飞机。
我要跳伞啦。
动能和势能可以相互转化。
我的重力势能转化成了动能。
射箭时，弓的弹性势能转化成箭的动能。
啪
唉！要倒了。

第九章　简单机械

运动会结束了，妖怪怎么都不见了？
走，去问问千里眼和顺风耳。

天宫要进行一次大改造，降妖台的妖怪们被叫去帮忙了。只要好好干活，就有可能得到仙露。

什么改造？我们能去看看吗？
探出
当然可以，我们可以去监工。

这个石头怎么堵在这儿，我们过不去了。

少费力气了，这可是本大王我一点一点推过来的。

认识杠杆
一点点推过来？为什么不用杠杆呢？
杠杆？
一根硬棒在力的作用下可以绕着固定点转动，这就是杠杆。
不就是一根破木头，有什么了不起。
你可别小看它。它看起来是一根木头，但只要有支点，它就有两条“手臂”。
多亏了我！
动力
阻力臂
O支点
动力臂
阻力
从支点到动力作用线的距离叫动力臂，从支点到阻力作用线的距离叫阻力臂。
我也有两条手臂。
如果杠杆足够大，说不定能撬起整个地球。

生活中的杠杆
用很小的力气就能撬起很重的石头，它的动力臂大于阻力臂，这就是省力杠杆。
动力臂
O 支点
阻力臂
真的翘起来了！
加油！
阻力臂
支点 O
动力
动力臂
阻力
但如果阻力臂大于动力臂，那就是费力杠杆，很难撬起石头。
两边的力一样大时，跷跷板就会保持平衡。
那如果动力臂等于阻力臂呢？
那就是跷跷板了啊，叫作等臂杠杆。

滑轮
我明白了，你们快走吧，我自己运石头。
拜拜。
你怎么不上去？
我还有其他工作呢，擦玻璃就交给你了。
那么高我怎么擦啊？
那不是有工具吗？
好像荡秋千啊。
荡荡
滑轮啊，滑轮可以轻松把你送到高处，它可以改变力的方向。
这是什么？

滑轮组
再高点。
我没力气了。
滑轮虽然可以改变力的方向，但它同样需要下面有人拉着你，太费力了。
哇！
松开
那怎么办?
一个不行，就两个。两个滑轮就组成了滑轮组。
我们来帮你。
太好了，我要擦玻璃了。
滑轮组不仅可以改变力的方向，还可以节省更多的力。
擦 擦

脑筋体操课

淼叔有话说

生活中有很多简单机械。钓鱼时的钓鱼竿是一种费力杠杆。
轻点轻点，小心！
起重机搬起大箱子运用的是滑轮。
划船的船桨也是费力杠杆。
除了杠杆和滑轮，生活中还有其他简单机械。
水龙头、石磨都属于一类简单机械——轮轴。
方向盘也是一种轮轴。

为什么走弯曲的山路呢，
这个距离更远。

因为弯曲的山路也是一种
简单机械，叫作“斜面”。

利用斜面，上山可
以不费力气，但缺
点是路程变长。

门把手是一种轮轴。

终于吃上了。

筷子是一种
费力杠杆。

开瓶器是
省力杠杆。

快看看你身边有
哪些简单机械吧。

我们用的剪刀
是费力杠杆。

李淼 著
云读 绘

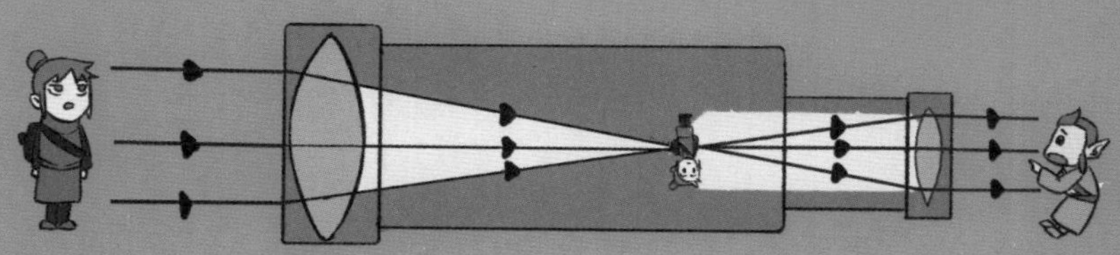

天津出版传媒集团
天津科学技术出版社

团队介绍：

出 品 方：桔实文化

出 品 人：张雪松

出版统筹：郑本湧

文稿编辑：唐湘芸 刘俊翼

特约编辑：周思益

整体创意：李 淼 云 读

脚本写作：张玉萍 张艾昕

绘 制：田莹莹 张盼盼 韩鲤鲤 杨梓凇 左 诗 肖伊彦榕

序

我是李淼，大家都叫我淼叔。我是一位物理学家，也致力于物理知识的科普。物理学是一门非常重要的学科，被誉为“自然科学的带头学科”。物理学研究物质的结构、物质的运动规律、普遍存在的相互作用等。物理学研究的对象很广泛，小到微观世界中的各种粒子，比如电子、中子、质子等，大到游弋在广袤无垠的宇宙中的天体，比如太阳、月球、水星、金星等。可以说，物理学研究的对象无处不在。

我们为什么要学习和研究物理学？因为物理学与我们的生活息息相关，我们无时无刻不在与物理现象打交道。现在，你可以拿住这本书而不滑落，是因为存在摩擦力；你可以看到这本书的文字，是因为光的反射；你可以坐在凳子上而不陷下去，是因为凳子给了你向上的支持力。了解和利用物理学知识可以帮助我们更好地生活。

物理学是每个孩子步入初中校园后会接触到的一门重要的学科。“千里之行，始于足下。”学习知识不能一蹴而就，而要讲究方法，一个良好的开端非常重要。要先培养起孩子对物理学的兴趣，这样才能让他们主动地进入这片知识的海洋中，去自由探索和汲取养分。这套《大闹物理天宫》正是为了实现这样的目标而创作的。它以中国传统文化中耳熟能详的神仙为切入点，包括了文曲星、千里眼、顺风耳……然后用情景故事向孩子讲解基础的物理学知识。整套书共分为六册，涵盖了物理学科的六个主题：电、力、光、声、物质、能量。全书从基础的物理概念着手，一步一步引导孩子围绕每个主题建立起基础的知识框架，拓展视野，提高学习能力。

希望孩子们能够对物理感兴趣，了解物理、学好物理，并爱上物理。

李淼

出场角色表

文曲星：中国神话中主管文运的星宿。文采非凡的人会被形容为“文曲星下凡”。

淼叔：物理学家。

烛龙：中国神话中的神，又叫烛阴，记载于《山海经·大荒北经》。

顺风耳：听力非常好的神仙，出现在《西游记》和《封神演义》中。

千里眼：视力非常好的神仙，出现在《西游记》和《封神演义》中。

童子 1：天宫中的童子。

童子 2：天宫中的童子。

童子 3：天宫中的童子。

律令：道教神仙体系中负责传递信息的鬼仙。

太阳星君：道教神仙体系中的太阳神。

目录

第一章　光从哪里来　01
第二章　光的传播　09
第三章　光的反射　17
第四章　光的折射　25
第五章　光的色散　33
第六章　平面镜成像　41
第七章　透镜　49
第八章　迷人的像　57
第九章　眼睛和眼镜　65

文曲星，
文曲星！
逢考必过
金榜题名
保佑我这次物理
考试考高分！

第一章 光从哪里来

光学院招生啦！
号外号外！天宫光学院招生啦！

快看看是什么？
给我一张。

从光学院毕业的优秀学员，会被太阳神任命为“光之使”。
我们去报名吧！

入学考试
神君大人，有人来报名了。
有人吗？
谁来报名？

我是光学院的老师。
太好了，我们要报名！
文曲星，你怎么在这儿？

报名之前要参加入学考试，你们准备好了吗？
考试？！

不用担心，考试很简单。

光源
大家能找到发光的物体吗？
手电筒。
灯笼。
萤火虫。
月亮！
月亮可不会发光哦。
为什么？我能看到月亮啊。
还有星星！
只有会自行发光的物体才是光源。恒星会自己发光，是光源。像月亮这样的行星不会自行发光，只能反射光。我们在夜晚看到的星星，一般都是恒星。

自然光和人造光

如果月亮不能反射光了，那我们晚上就什么都看不到啦。

我们还有灯笼和手电筒。

光源可以分为自然光源和人造光源。

我们都是自然光源。

水母和灯笼鱼也是自然光源。

太阳、恒星、萤火虫都属于自然光源。

热光源和冷光源
光源还可以分为热光源和冷光源。
好冷啊。
太阳、篝火这种比环境温度高的光源，我们称为热光源。
好暖和啊。
我要化了。
不发热的光源被称为冷光源，比如萤火虫、灯笼鱼和水母。
我们可不能取暖。

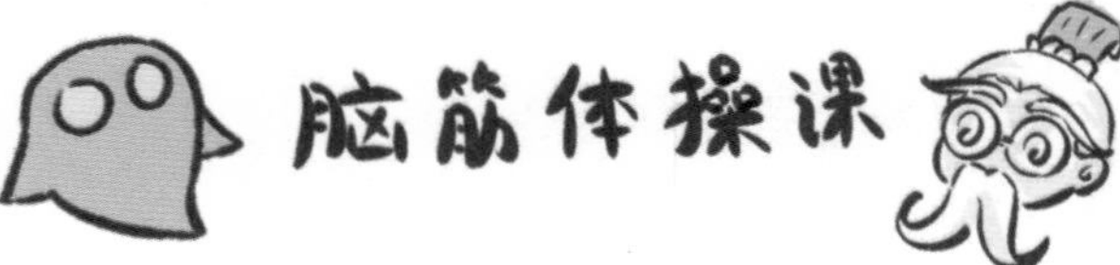

???

放空中……

加油！

快去考试吧！

传说在很久很久以前，人类的祖先只能吃生的食物，为了御寒会住在山洞里，穿着由兽皮制成的衣服。

看我飞云箭！

直到发现了火种，人们才吃上美味的食物，
开始烤火取暖。你知道是谁发现了火吗？

淼叔有话说

传说在很远很远的地方有个国家，叫燧（suì）明国。那里不分四季，也不分昼夜。有位圣人翻山越岭、历经千难万苦来到燧明国。

这里什么都没有啊，连太阳都没有。

鸟啄一下树上的虫子，迸发出明亮的火光，引起了圣人的注意。随着火光的出现，光之灵也出现了。

这是什么？

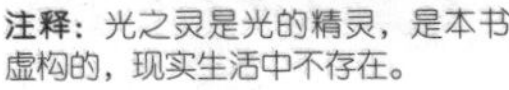
注释： 光之灵是光的精灵，是本书虚构的，现实生活中不存在。

鸟啄树产生火花的事件给了圣人灵感，于是他从树上折下一节树枝。

冒烟了！

哎哎！

火挤过黑烟从石头里冒了出来，随之蹦出来一个大大的光之灵。

成功了！

圣人坐在部落首领的宝座上。人们围着篝火载歌载舞，烤肉吃。光之灵们也围着篝火跳舞。

火给人类带来了光明，人们为了歌颂圣人的功德，称他为“燧人”，意思是取火者。这就是钻木取火的故事。

第二章　光的传播

你们，都被录取了！

太好了。

要想成为“光之使”需要接受不同的考验。

下面就跟着文曲星在旅行中学习吧。

我们先去光学实验室参观。

好！

光沿直线传播
这位是光之神——烛龙。
我在房间里设置了很多红外线，为了防止外人随便进入。
安全了，进来吧。
没有看到红外线啊？
红外线波长为 760 纳米 ~1 毫米，人眼无法看见。
手电筒发出的光是直的，放映机射向屏幕的光也是直的。
这些都说明光是沿直线传播的。

光在水里也是
沿直线传播吗？
做个实验
就知道啦。
我来。
手电筒光束太大了，
看我用激光笔。
也是一条直线！
光能够在其中传播的物质叫作光介质，比如水和空气。光在同种均匀介质中沿直线传播。
在开凿隧道时，工人们用激光束引导掘进机沿直线行驶。
射击时也会利用激光束进行瞄准。
还是用激光束更快。
射击！

小孔成像
小孔成像是春秋战国时期的墨家学派首先发现的。墨家学派发现在墙上开一个小孔，阳光强烈的时候，屋外站立的人会在屋内的墙上留下一个倒立的人影。
我们来做一个有趣的实验，名为小孔成像。
我们准备一根蜡烛和一块显光屏。因为光沿直线传播，所以我们什么也看不到。
在中间加一个带小孔的木板，这时的显光屏上就会出现一个倒立的烛光。
好晕！
这是因为木板把大部分的光都挡住了，只有小部分光通过小孔照到显光屏上。于是，我们就看到了烛光的倒影。
从这走！
啊，好疼！

把小孔变成三角形，显光屏上的蜡烛会有变化吗？
成像和孔的形状没关系。
不管是三角形还是正方形，小孔的形状对光的直线传播不会有任何影响，所以显光屏上的蜡烛不会有变化。
啪
我沿直线前进！
如果木板上的小孔变大，通过的光线就会增多，光线融合在一起，显光屏上只能看到明亮的一片。
啪
成像和我的大小有关。
别挤，别挤。
投影仪就用到了小孔成像的原理。
看电影喽。

脑筋体操课

看我的小狗。
我的小兔子。
我是大灰狼！
光只能在透明的物体中传播，当光被挡住时，留下来的隐形部分就是影子。
就是因为影子的存在，我们才能看到月球不同的形状。
你们知道这背后的原理吗？

淼叔有话说

人有悲欢离合，月有阴晴圆缺，此事古难全。
月亮的阴晴圆缺就是月相变化。月相是对在地球上看到的月球被太阳光照亮部分的称呼。
这不是黑，我没开灯！
在太阳系中，太阳、地球和月球三者之间不停地发生位置变化。
农历每月初一，月球位于太阳和地球之间，地球正对着月球背离太阳的暗面，所以地球上的人们看不见月亮，这叫新月。
哦哦，好的。
向东走，向东走。
农历每月初八左右，太阳、地球、月球三者的相对位置呈直角，在地球上只能看到月球西半边亮，呈半圆形，这叫上弦月。

每月中旬我最圆。
农历每月十五、十六，地球位于太阳和月球之间，月球的亮面全部对着地球，这时我们在地球上能看到满月。

该向西了。
这边?
农历每月二十二、二十三，太阳、地球和月球之间的相对位置再次变成直角。这时我们看到的是月面朝东，这叫下弦月。

人有悲欢离合，
月有阴晴圆缺。
真不容易啊。
当月球再次运行到太阳与地球之间，又从新月开始，周而复始。一次月相变化的全部过程就是一个月。

第三章　光的反射

光之使体验卡
为了让你们了解光之使的工作内容，提前让你们体验一下。
怎么体验？看，我要喷火了！
光之使体验卡？
光之使可不会玩火，而是用光指导光之灵为人类带来光明。你们在这上面刷卡就可以开始体验光之使的一天了。
我先来。
嘀！您的光之使体验即将开始，时长 12 个小时，计时开始。
这就是光之使。
哇！
会发光，还会飞，好酷啊！我也来！

光的反射
你们去人间吧。文曲星会给你们安排工作。
保证完成任务！
光之使如果不懂光的反射，是没办法帮助人们的。
我们快出发吧！
走走走，我们先走！
我知道，我们看到月亮是因为月球反射了太阳的光线。
没错，月亮本身并不发光。我们能够看到不发光的物体，是因为物体反射的光进入了我们的眼睛。
嘿！
冲啊！
但是，并不是所有的光都会被反射。当光射向物体时，一部分光之灵会被物体反射回来；
一部分光之灵比较狡猾，能藏到物体里面去。

镜面反射
我们去看看。
好像有人
需要帮忙。
你好，我们是天宫
的光之使，有什
么能帮你的吗？
今天是我妈妈的生日。我本
想给她办个生日会，可是我
的灯坏了，只剩下一个。
我有办法，我们用
镜面反射来帮你。
休想过来！
好滑呀！
什么是镜
面反射？
物体表面的粗糙程度
不同会产生不同的反射。
当光照射到镜子上时，
因为镜子表面光滑，
光会被平行地反射。
不信也得信，
回去吧你！
光从不同的角度射向镜
子，镜子也会以相同的
角度把光反射回去。
我就不信，我过不去。

漫反射
除了镜面反射，还有一种反射叫漫反射。当光线射向表面粗糙的物体时，凹凸不平的表面会把平行入射的光线向四面八方反射。
像书本、衣服等都会发生漫反射。由于漫反射的光线会从物体的四面八方射来，所以我们会在不同方向看到它们。
走开，走开，走开！
为了更好地利用所有光线，我们用镜面反射来布置生日会吧。
好！我来搬镜子？
光照射的时候会留下一条清晰的路线，这个路线就叫作“光路”。

这个光线好柔和啊！
光射向镜面时，光线会被射出，光路是可逆的。如果将入射光线沿着反射光线的方向射入，那么其反射光线将逆着原来的入射光线的方向射出。
对呀！
好了，别玩了，天快黑了，我们赶紧布置吧。
哎哟！
这样可以吗？
把灯挂中间，这样四面镜子就可以反射灯光了。
你妈妈肯定会很开心。
嗯！

脑筋体操课

淼叔有话说

你们看天上的月亮。当我们迎着月光走时，月光照向水面会发生镜面反射，

反射的光会照进我们的眼睛里。这时，我们就会看到发亮的水坑。

反之，当我们背着月光走时，镜面反射的光线射不进我们的眼睛里，水坑看起来就会变暗。
不论是发亮还是发暗，都是光射向水坑后发生反射的不同现象罢了。
看来我们都不错。
坐好了。
好了，我们到达目的地了，下车时注意后方来车。
车的后视镜也是利用了反射的原理。不要忘记系安全带哦。

第四章　光的折射

碗里的硬币

大家看仔细了，一会儿我就能在碗底变出一枚硬币。

你可别骗我，我有火眼金睛。

我来检查检查，水里不会藏了硬币吧。

你们在干什么？

烛龙说他能在空碗中变出硬币，我在检查他有没有作弊。

也不能偷偷使用法术。

小小魔术还用不到法术，

你们就瞧好吧。

今天我来带大家出去淘金。

怎么回事？刚才没有硬币啊？

你真的没有用法术吗？

光的折射
你们不去淘金吗？
我也想学。
快教我怎么做的。
你们不如先听听文曲星有什么事吧！
文曲星老师，你刚才说什么？
天池里有很多金石，我们今天要去淘金。另外，那不是魔术，只是障眼法！
看到没？碗里本来就有硬币。
可我们刚才明明没看到啊。
这都是因为光的折射。光射入水中时，光线产生了偏折，这就是光的折射，所以你们才会看到之前看不到的硬币。
偏折？光不是沿直线传播的吗？

我拐弯了。
你们看到的只是我的虚像。
光在同种介质中沿直线传播。当光垂直从空气射入水中时，光线也是直线传播。但当光从空气中斜射入水中或者其他介质中时，光的传播方向就会发生改变。从硬币发出的漫反射光经过水面折射射入人眼，人凭光沿直线传播的感觉，认为硬币在折射光线的反向延长线上。

折射现象
折射在生活中很常见。把筷子插进水里，会看到筷子像折断了一样。
这就是光的折射现象。一会儿我们去淘金也会用到折射的原理。
我们快去天池吧。
我也去！
啪～
神君大人还有事找你。
我想淘金。
天池
好难捞啊，因为折射我根本碰不到金石。
文曲星老师，光的折射有什么规律吗？
当然，我来给大家讲解一下。

当光线射入水底时，会产生入射光线和折射光线，垂直于偏折点的线叫作法线。入射光线与法线的夹角叫作入射角，折射光线与法线的夹角叫作折射角。
法线
入射角
入射光线
折射光线
折射角
当我们捞金石时，金石的漫反射光从水底射向空气，在空气中的折射角会大于入射角。此时我们看到的金石会比实际的位置高，所以捞金石时，要向我们看到金石的下方去捞。
谁在空气中谁最大！
无论光线从空气射向水底还是从水底射向空气，都是在空气中的角更大。
我是虚像！
我在这儿！

脑筋体操课

南天门

是南天门！在这里
竟然能看到南天门！

在这里不可能看到南
天门，那是海市蜃楼。

淼叔有话说

众人看到的南天门只是因为光的折射产生了偏折，而产生的虚像。人们把这种现象叫作海市蜃楼。

好冷。

海市蜃楼是由于密度不同，在气温梯度分界处产生的折射现象。靠近水的空气温度较低，空气的密度更大；远离水的空气温度升高，空气的密度较小。当光线穿过温度低、密度大的空气时，就会向下折射。但是人的大脑认为光线总是沿直线传播，所以看到的建筑物会比实际的高。

海市蜃楼都是在海面上产生的吗?
当然不是，海市蜃楼也会出现在沙漠中。
没错!

在沙漠中，由于沙石受太阳炙烤，所以沙层表面温度高，上层温度低。于是就形成空气的气温差异，下热上冷，上层空气密度高，下层空气密度低。当太阳光穿过不同密度的空气时，经过光的折射，便将远处的绿洲呈现在人们面前了。

温度低

大气密度高（折射率大）

热

温度高

大气密度低（折射率小）

又是海市蜃楼，好渴啊，什么时候能看到真的绿洲。

光真的好神奇啊。

是啊。

希望每天都能看到光。

第五章　光的色散

绘画课
雨下得好大，室外绘画课还上吗？

快开门！
砰——
砰——

文曲星老师？
今天下雨了，还要出去画画吗？
去！今天的绘画课照常进行。
啊？可是还在下雨，画什么呢？

雨一会儿就停了，很有可能会出现彩虹哦。

光的色散

快来看，
雨停了！
我们出去
看彩虹吧。
好！

呃……你们
看到了吗？
没有。
文曲星老师，
你该不会骗
我们吧？
五分钟过后……
不可能！没那
么快，我们先
摆画具吧。

很久以前，人们以为光是白色的。直到 17 世纪，牛顿用玻璃三棱镜分解了太阳光，这才揭开了光的颜色之谜。
没错，又是我。我手中拿的是三棱镜，它可以将太阳光分解成七色光。这种现象叫作光的色散。
我要变身了！

我们也是“彩虹”。
由于彩虹还没有出来，大家就先看七色光画画吧。
怎么只有三个颜色啊？是不是拿错了？
没错，就是红黄蓝三种颜色。
红、黄、蓝只是颜料的三原色，颜料不能发光，只能反射光。不同的颜料混合在一起，能产生不同的颜色。
我们之所以能看到物体的颜色，是因为物体吸收了其他颜色的光，只反射了它本身颜色的光。
哎哟！

色光三原色
除了颜料三原色，还有色光三原色：红、绿、蓝。色光三原色按不同比例混合，可以产生不同颜色的光。
我们相加会变成白色。
红色和我在一起会变成洋红。
绿色和我在一起会变成青色。
我们加在一起会变成黄色。

电视和手机显示屏呈现的丰富色彩，都是由红绿蓝三原色组合而成的。将屏幕放大，我们会看到排列紧密的三种颜色的色条。

彩虹的形成原理
快看！彩虹出来了！
红橙黄绿蓝靛紫，真的是七种颜色！
彩虹是怎么形成的呢？难道天上有一个巨大的三棱镜吗？
天空中确实有“三棱镜”。雨后，空气中有很多小水珠。这些小水珠就像小小的三棱镜，阳光进入水珠会先折射一次，然后在水珠的背面反射一次。
我要变身了！
反射后的七色光拥有不同的折射角，最后离开水珠进行最后一次折射。只有经过三次关卡，太阳光才能成功变身为彩虹。
我们有不同的入射角。
变身完成啦！

脑筋体操课

太阳光经过分解后形成这样一条可见光谱。
在光谱的不同颜色处，均能检测到温度的上升；但在红光之外，温度计的读数也会升高，这说明什么呢？

淼叔有话说

淼叔，你在干什么？

我在看“看不见的光”。

哼，你们人类看不见我的。

看不见的光？

人的眼睛不是万能的，有可见光，自然也会有不可见光。

糟糕，被发现了！

喂，你们在做什么？

在电磁光谱中，波长为 760 纳米 ~1 毫米的电磁波，叫作红外线；波长为 10~300 纳米的电磁波，叫作紫外线。当物体表面温度升高时，虽然我们看不到，但其表面的红外线会增多。我们可以利用红外线来检测人体温度、诊断疾病。

我要防止紫外线，不能让它伤害我的皮肤！

过量的紫外线会对人体产生危害，轻则使皮肤粗糙，重则引起皮肤癌。

所以我们要注意防止紫外线对皮肤的照射。

第六章　平面镜成像

这是我们天宫的镜子博物馆，收集了世界上各种神奇的镜子。
天宫晨报
"千里眼离家出走"
镜子里有个我。
你看到的镜子中的你，就是你的“像”。

平面镜成像

啊！有鬼啊！文曲星老师，镜子里的不是我，他动了！

你看错了吧，他和你一样啊。

没有！是真的，他冲我做鬼脸。

难道是镜妖？镜妖住在镜子里，最喜欢捉弄人。

我们要赶紧把他找出来，不然会吓到博物馆里的客人。

我们去旁边的平面镜参观室，利用“平面镜成像”把他找出来。

怎么找呢？

平面镜成像特点
我们先来观察一下平面镜成像的特性。
烛龙向后退，平面镜中的像变小了，说明像也远离平面镜了。但是平面镜后并没有这个像，说明这个像是虚像。
当烛龙站在平面镜前，平面镜中的像和烛龙大小相等。
变远了？
d
d
d
d
哇呜！
跑慢点。
无论是靠近还是远离，像和物体到平面镜的距离都是相等的。
平面镜成像的规律可以描述为：平面镜成的像与物体关于镜面对称。

镜妖怕黑，这样他
就只能躲在这里。
其他房间的灯都
关了，只有我们
这个房间还亮着。
他今天肯
定跑不掉！
我们仔细观察镜中的自
己，镜妖可能会假扮我
们中的任何一个人。
他在那儿！
抓住他！
看我的。

放开我！
嗖
出来吧！
放过我吧，我再也不捉弄别人了，我还有很多用处。
我可以照出大家的美貌。
我还可以变出很多分身，把光聚到一个位置来发电。

脑筋体操课

这就是我们的镇馆之宝，它叫作“透光镜”。

它只有一个镜面，但是可以将背面的花纹反射到墙上。

好神奇啊！

淼叔有话说

淼叔，你在干什么？
我在研究透光镜，看能不能自己做一个。
怎么做啊？
透光镜最早可追溯到西汉，因为都是铜制的，所以又被称为“透光铜镜”。
古人在制作时，会在镜子的圆盘上进行浇铸。
有点冷了。
透光镜中间薄、镜缘厚，所以中间镜体部分就冷却快，镜缘厚的地方冷却慢。
往中间挤挤。
冷却慢的镜缘对镜体不断挤压，镜面就有了鼓起来的趋势。
我都被挤起来了！

透光镜就这样做好了吗？
还没有。接下来还需要打磨。
在不断的打磨下，镜面的纹路会逐渐和背后的图文对应。
最后我们就会得到一个表面看起来平整光滑，实际上凹凸不平的镜面。
当光照到镜面上时，平滑地方反射的光线会比较集中，看起来会更亮；而凸起地方的光线会分散，照在墙上就会比较暗。
原来是这样。

第七章　透镜

千里眼去哪儿了

望远镜

仙界动车站
竟然在睡觉？看我的！
千里眼回来了！
哥！我错了。你就原谅我吧！
看，那是顺风耳。
他还在等千里眼。
啊？人呢？
千里眼为什么离家出走？
唉！说来话长。
快帮我想想办法啊。
用望远镜吧，它找人可比你的耳朵厉害。
我怎么没想到！

透镜
我来看看，我来看看。
好清楚！望远镜为什么能看那么远。
因为透镜呗。
物镜
目镜
透镜分为凸透镜和凹透镜。透镜可以用作望远镜的目镜和物镜。
什么是透镜？
双凸透镜：中间厚。
平凸透镜：边缘薄。
弯月形凸透镜：就是凸透镜。
它们有什么区别吗？
凸透镜就是远视镜。

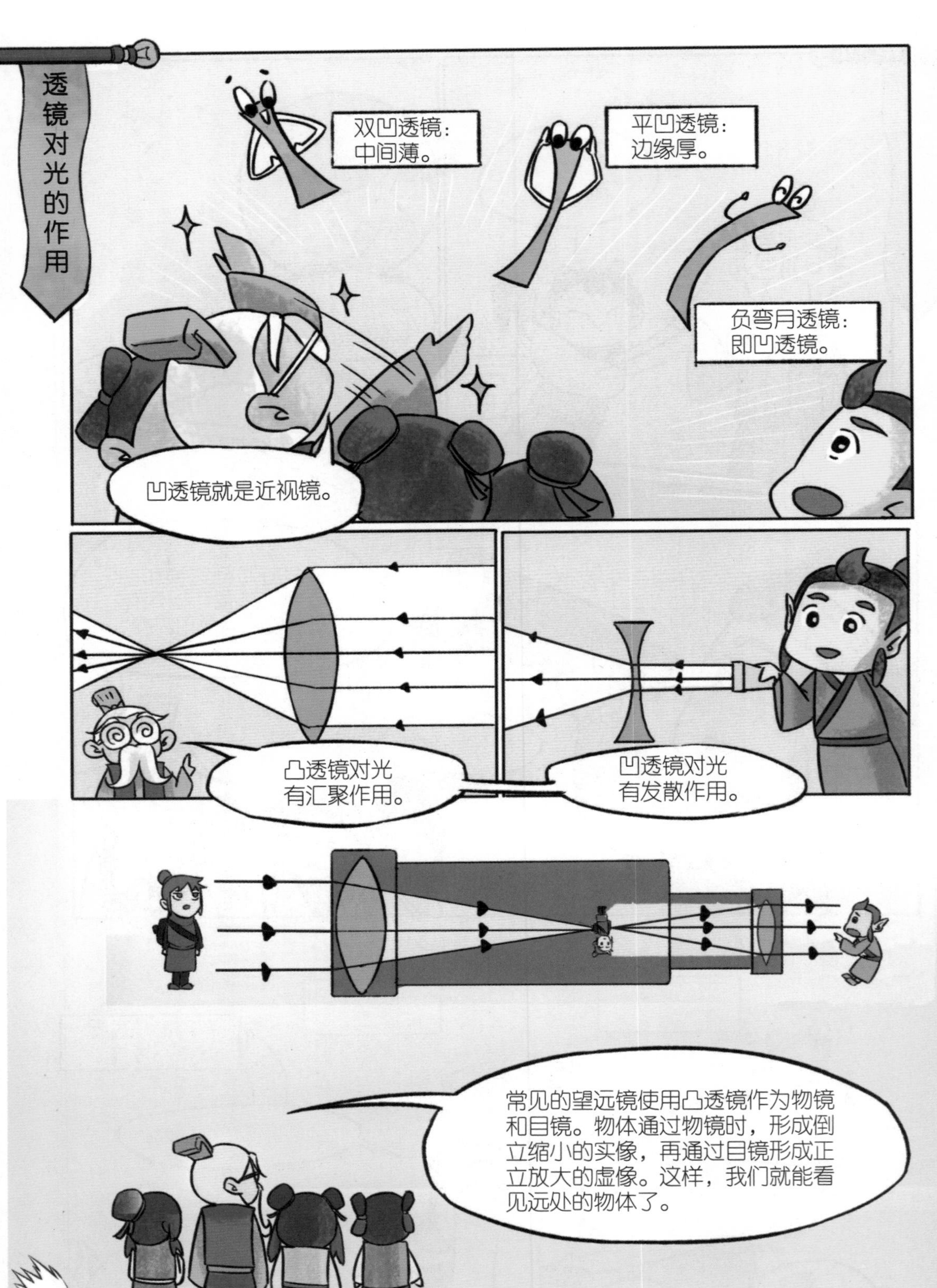
透镜对光的作用
双凹透镜：
中间薄。
平凹透镜：
边缘厚。
负弯月透镜：
即凹透镜。
凹透镜就是近视镜。
凸透镜对光
有汇聚作用。
凹透镜对光
有发散作用。
常见的望远镜使用凸透镜作为物镜
和目镜。物体通过物镜时，形成倒
立缩小的实像，再通过目镜形成正
立放大的虚像。这样，我们就能看
见远处的物体了。

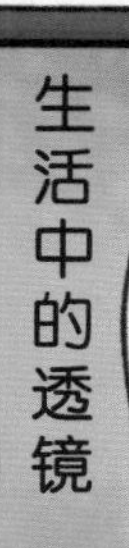
生活中的透镜

哥！我终于找到你了！
我错了

你怎么来了？
啊？你不是生气离家出走了吗？
离家出走？我的相机坏了，我只是去人间换个镜头。
你离家出走，顺风耳特意来接你。

我生气是因为你拿我的相机对准太阳。镜头是由一组透镜组成的，相当于一个凸透镜。把镜头对准太阳，凸透镜聚光损伤了我的相机内部的原件。
我感觉心脏好热。
我知道错了……

脑筋体操课

仙界动车站

什么味儿？

售票处

呵—

呵—

账本被你烧了？

是个意外！

你知道账本是
怎么着火的吗？

淼叔有话说

这不是文曲星的眼镜吗，怎么会在你手里？
千里眼哥哥说放大镜烧坏了账本。我在想远视镜和放大镜一样都是凸透镜，能不能把纸点燃。
焦距
焦点
每个凸透镜都有一个光心。凸透镜能将光汇聚在一点，这个点就叫作焦点。焦点到光心的距离叫作焦距。

随着时间变长，凸透镜反射的光会越来越多，焦点上的热量也会越来越多，就会点燃纸。
原来是这样。
我在后面！
凹透镜也有光心、焦点和焦距吗？
??
焦点呢？
凹透镜也有光心、焦点和焦距，不过凹透镜的焦点在反射光线的反向延长线上。
是谁趁我洗澡时，偷拿了我的眼镜？！

第八章　迷人的像

伟大的魔镜大人，显出神通吧，变！
好！真的出现了！太厉害了！
好热闹啊！今天放假我们要好好玩。
玩个痛快！
镜子魔术表演？
刚才我好像听见了，我们去看看。
大家看好了，我们的魔镜大人还可以让小丑走进现实。

真的假的！我没看错吧？！
同感。
我总感觉不太对劲。

我们去后台看看？
走！

啊！
谁？！

你们怎么在这儿？
我们怀疑有镜妖，
那个魔镜竟然能凭
空变出一个小丑。

下班啦。
看，就是他。他
刚才还在台上。
他没上台，上面都
是他的实像和虚像。

实像和虚像

实像是指能呈现在光屏上的像，由光线汇聚而成。照相机、投影仪所成的像都是实像。小丑经过凸透镜会在相机内部的胶片上呈现一个倒立的实像。

我们现在使用的数码相机可以进行光电转换，将进入相机的光线转换成电子信号传送到影像处理芯片上，将影像还原，我们就看到了正立的图像。

我记得小孔成像是倒立的实像。

虚像是指不能呈现在光屏上的像。我们照镜子时，能看到镜子里的自己。
但无论在镜子后放几块光屏，都不会出现图像。水中的倒影、海市蜃楼都是虚像。

佩珀尔幻象
那我做梦看到的糖葫芦是实像还是虚像？
都不是，你那是幻想！
你还没告诉我，台上的是实像还是虚像呢？
小丑从镜子中走出来其实是用了一种叫作“佩珀尔幻象”的技术。在表演中需要在舞台上摆放一面巨大的斜面镜子，台上只有魔术师一个人。
只需要将事先录好的视频投影到地面上，观众就会看到镜子中的虚拟图像。

至于镜子中的小丑，其实是投影仪的实像。舞台上的镜子其实是一块光屏。
投影仪把视频由数字信号转换成倒立的影像，然后经过凸透镜呈现在舞台上。
所以，没有魔镜也没有镜妖是吗？
当然没有魔镜。我确实是镜妖，你们不记得我啦？这是我新找的工作。
你不是在镜子博物馆？
我今天就是来视察他的工作情况的，回去向太阳神汇报。
多替我美言几句。

脑筋体操课

文曲星老师说我们就要结课了，我感觉光还有很多秘密等着我们去发现。

太阳光可以分解成七色光，那为什么我们看到的天空总是蓝色的呢？

淼叔有话说

我们好像总是默认天空是蓝色的，其实它背后的原因是光的散射。
太阳光中有不同波长的光，其中红光和橙光最长，蓝光和紫光最短。
当我们的眼睛同时看到这些光时，它们看起来就是白色的光。

大气中有许多氮分子和氧分子。

当这些不同波长的光进入大气层时，由于这些分子都很小，波长较长的光线能轻易地绕过它们。

而波长较短的蓝光和紫光会被氮分子和氧分子散射向不同的方向。

让一让，我找不到方向了。

再多也挡不住我。

散射是指光通过不均匀介质时，一部分光偏离原方向传播的现象。

其他颜色的光都会穿过大气层进入我们的眼睛，但由于蓝光在大气层里被散射得无处不在，所以我们的眼睛看到的天空是蓝色的。

因为紫光也被散射得无处不在，所以天空真实的颜色其实是蓝紫色。只不过我们眼睛中负责分辨颜色的视锥细胞对紫色不敏感，所以我们才会看到天空是蓝色的。

还有我呢！
??
看不到看不到，不认识。
光真的好神奇啊！

清晨的空气中有一层薄薄的雾气，阳光从树叶间射入，投下一道道光束，这种现象叫作“丁达尔效应”。这是因为雾气中有很多灰尘和小颗粒，阳光穿过时发生了散射，所以能看到一道道光束。

第九章　眼睛和眼镜

光之使战服

带我们来这里干什么呀?

这些是为你们准备的光之使战服。
战服?

现在就能穿了吗?
好晕!

这是近视镜，不能戴。现在还不能穿战服，你们还有一个重要的东西没发现,就在你们身上。

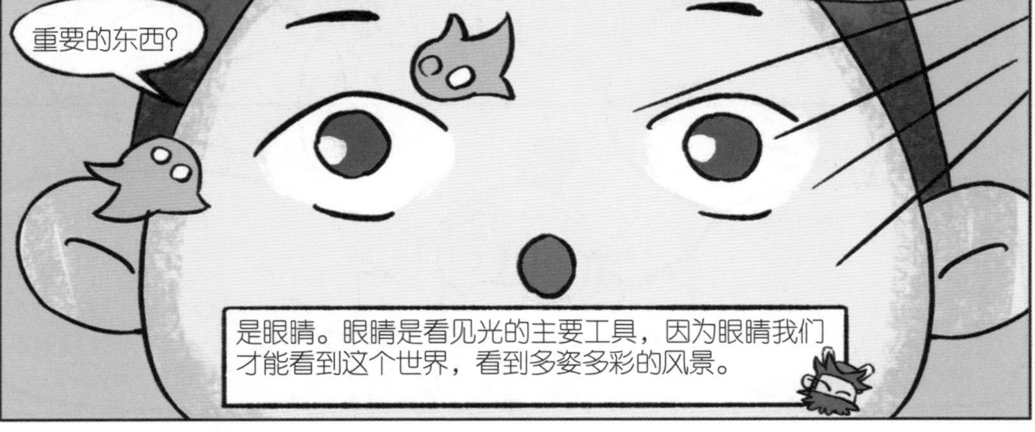

重要的东西?
是眼睛。眼睛是看见光的主要工具，因为眼睛我们才能看到这个世界，看到多姿多彩的风景。

会生病的眼睛
眼睛生病看医生会好吗?
重要的不是医生，而是我们自己要了解它，爱护它。
但是，现在很多人不爱惜自己的眼睛，不得不戴上眼镜。眼睛也会生病哦。
我们的眼睛由角膜、晶状体、视网膜等组成，它像是长在我们身体上的一台照相机。
睫状肌
角膜
晶状体
视网膜
视神经
看远处的物体
晶状体
视网膜
看近处的物体
晶状体
视网膜
晶状体是个可胖可瘦的家伙。它通过睫状肌的调节来改变自身的焦距，使得来自物体的光能够在视网膜上形成清晰的图像。
当我们看向远处的物体时，晶状体会变瘦，让光恰好落在视网膜上。当看近处的物体时，晶状体会变胖，让光的偏折角度增大，方便落在视网膜上。

信号转换中……
交给我了！
视网膜上有一群感光细胞，当受到光的刺激时就会产生信号。视神经把信号传递给大脑，我们就会看到正立的物体。
我知道，这个时候呈倒立的实像。

好累！
我瘦不下去了！
我太瘦了。
由于一些人不爱护眼睛，导致睫状肌持续收缩，难以调节晶状体的曲度。

不能调节晶状体的曲度会对眼睛造成什么影响呢？
会近视和远视。

近视眼只能看清近处的物体，看不清远处的物体。
远视眼只能看清远处的物体，看不清近处的物体。
那边山上有什么？
这个字太小了。
仙界日报

什么呀？我看不清啊！

晶状体变胖，折射能力增强，来自物体的光就会落在视网膜前。视网膜接收不到清晰的光点，只能收到一片模糊的光斑。这就是近视眼的原因。

我来帮你。

终于看清了。

利用凹透镜能使光发散的特点，在眼睛前放一个合适的凹透镜，就能重新使光落在视网膜上。

近视眼用凹透镜，
远视眼是不是就
用凸透镜？
没错，凸透镜能使光汇聚。
在眼睛前放一个合适的凸透
镜帮助晶状体，它俩强强联
合，就能让光落在视网膜上。
晶状体
老了，越来
越吃力了。
得了近视眼、远视眼，
只能佩戴眼镜了。这对
眼睛来说是一种负担。
随着年龄的增长，晶状体也会
变老，对自身的控制就会变差，
太近、太远的物体都会看不清。
大家快穿上光之使的战服，太
阳神正等你们一起观看极光呢。

脑筋体操课

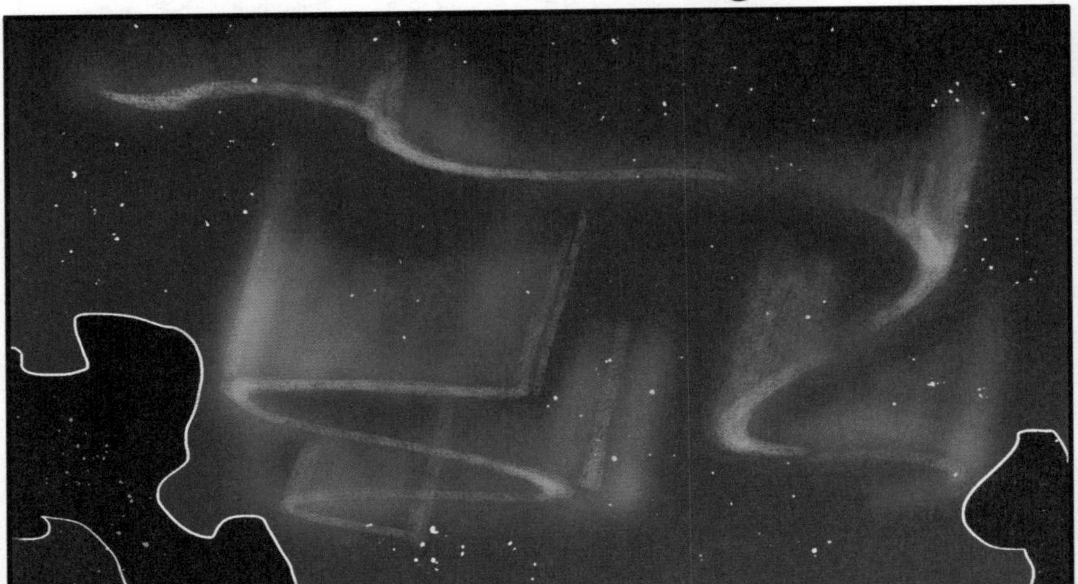

传说牛郎织女每年七夕都会在鹊桥相会，不知道今年他们有没有见面。

牛郎织女可能会见面，但牛郎星和织女星一定不会见面。

你知道这是为什么吗？

淼叔有话说

我们在看电影时，经常会听到一个词叫光年。光年可不是一个时间单位。光年是一种长度单位，是指光在真空中传播一年的距离。
1s
2s
光年到底有多远呢?
如果一个人步行一步的距离是1米，每秒走一步，那么他需要不停不休将近3亿年才能走完一光年。
一光年对人类来说难以想象。但是在宇宙中，一光年其实很短。
地球的赤道周长为4万千米，光的速度约为每秒30万千米，光1秒大约可绕地球飞行7.5圈。

光飞越太阳系需要8小时，穿越银河系需要10万年。
太阳系马马虎虎，银河系太太太太太太远啦！
而我们看到的牛郎星和织女星，其实相距了16光年。从牛郎星到织女星，就算是用光速，也要16年。
娘子！
相公！
牛郎星
织女星
一年见一面，光表示无能为力。
知道光年的距离，才明白人类的渺小。
让我们继续探索宇宙的奥秘吧！

李淼 著
云读 绘

4

天津出版传媒集团
天津科学技术出版社

团队介绍：

出 品 方： 桔实文化

出 品 人： 张雪松

出版统筹： 郑本湧

文稿编辑： 唐湘芸 刘俊翼

特约编辑： 周思益

整体创意： 李 淼 云 读

脚本执行： 张玉萍 张艾昕

绘 制： 田莹莹 张盼盼 韩鲤鲤 杨梓淞 左 诗 肖伊彦榕

序

我是李淼，大家都叫我淼叔。我是一位物理学家，也致力于物理知识的科普。物理学是一门非常重要的学科，被誉为“自然科学的带头学科”。物理学研究物质的结构、物质的运动规律、普遍存在的相互作用等。物理学研究的对象很广泛，小到微观世界中的各种粒子，比如电子、中子、质子等，大到游弋在广袤无垠的宇宙中的天体，比如太阳、月球、水星、金星等。可以说，物理学研究的对象无处不在。

我们为什么要学习和研究物理学？因为物理学与我们的生活息息相关，我们无时无刻不在与物理现象打交道。现在，你可以拿住这本书而不滑落，是因为存在摩擦力；你可以看到这本书的文字，是因为光的反射；你可以坐在凳子上而不陷下去，是因为凳子给了你向上的支持力。了解和利用物理学知识可以帮助我们更好地生活。

物理学是每个孩子步入初中校园后会接触到的一门重要的学科。“千里之行，始于足下。”学习知识不能一蹴而就，而要讲究方法，一个良好的开端非常重要。要先培养起孩子对物理学的兴趣，这样才能让他们主动地进入这片知识的海洋中，去自由探索和汲取养分。这套《大闹物理天宫》正是为了实现这样的目标而创作的。它以中国传统文化中耳熟能详的神仙为切入点，包括了文曲星、千里眼、顺风耳……然后用情景故事向孩子讲解基础的物理学知识。整套书共分为六册，涵盖了物理学科的六个主题：电、力、光、声、物质、能量。全书从基础的物理概念着手，一步一步引导孩子围绕每个主题建立起基础的知识框架，拓展视野，提高学习能力。

希望孩子们能够对物理感兴趣，了解物理、学好物理，并爱上物理。

李淼

出场角色表

文曲星：中国神话中主管文运的星宿。文采非凡的人会被形容为“文曲星下凡”。

淼叔：物理学家。

鸣妖：偷声音的小妖怪。

嫦娥：仙子，有嫦娥奔月的传说。

灶王爷：又叫灶神，民间信仰的神仙。

童子 1：天宫中的童子。

童子 2：天宫中的童子。

童子 3：天宫中的童子。

爱迪生：美国著名的发明家。

音调：龙套。

频率：龙套。

音色：龙套。

响度：龙套。

枪大虾：龙套。

目录

第一章	声音的产生	01
第二章	声音的传播	09
第三章	神奇的耳朵	17
第四章	回声	25
第五章	音调：声音的高低	33
第六章	响度：声音的大小	41
第七章	音色：声音的音质	49
第八章	噪声	57
第九章	声的利用	65

文曲星，
文曲星！
保佑我这次物理
考试考高分！
串联电路
金榜题名
电阻

第一章　声音的产生

这是令牌。
侦
这是衣服。
声
这是卷宗。
这么多吗？
这些要尽快处理哦，加油！
可是，我们是来找文曲星老师的。他在哪儿？
我没记错的话，他好像就在这儿。
？？？

寻声侦探所
哎哟！
哈，找到了！
这件衣服和令牌是……
文曲星，琵琶仙子的乐器坏了，请您去查看。
叮—
那还等什么，穿好衣服，我们边走边说。
寻声侦探所的事务繁忙，人手不够，只能请你们来帮忙啦！
寻声侦探所？
寻声侦探所的使命，是帮助人们找回失去的声音、探寻声音的秘密。
你们，就是第一届侦探小队。
我可能知道为什么人手不够了。
寻声侦探所
我也是。

振动产生声音
早上，我准备练习琵琶，可是怎么试都没有声音，昨天它还是好的。
晚上我要为王母娘娘演奏，这可怎么办？
我来看看。
好奇怪，看起来没坏呀，怎么会发不出声音呢？
我试试。
无法弹动琴弦，所以琵琶发不出声音。
声音的产生需要依靠物体的振动。
我们熟悉的铃铛，就是通过内部的振动来发声的。
咚
咚
叮
叮
击鼓时，鼓面发声振动，于是产生了鼓声。
这些正在发声的物体，被称为声源。
你别摇了。

啊
所以当物体停止振动，声音也就消失了。

但是唢呐、笛子没有振动也能发声啊，琵琶为什么不行？

琵琶的声音源于琴弦的振动。
嗡——

空气分子
唢呐和笛子发声是因为吹奏时空气发生了振动。

除了固体和气体之外，液体也可以通过振动来产生声音。

哗哗的水流声，是水的振动产生的声音。

哗哗哗——

所以，一定是有人控制了琵琶的琴弦，导致它不能振动。
他们会趁没人的时候复刻声源，
等到复刻完成，物体就不能振动了。
应该是鸣妖，一种“偷声”的小妖怪。
这么说，我的琵琶现在成了一件摆设了。
别急，鸣妖应该还没走远。
猫？
在这儿！
喵。
啪
啊
可恶，让它跑了。

脑筋体操课

准备一个纸杯、一个刻针、一截锡箔纸和手摇支架。
快和我们一起做实验吧！

将刻针固定在纸杯底部，针尖伸出杯底。
将锡箔纸安置在手摇支架上，针尖对准锡箔纸。
你慢点儿。
放心吧。

这样，一个简易的手摇留声机就做好了。
寻声侦探队！

试着一边手摇锡箔纸，一边对着杯口说“寻声侦探队”，你发现什么现象了吗？

淼叔有话说

19 世纪，伟大的发明家爱迪生产生了一个疑惑。
既然可以用机器来记录图像，那是不是也可以发明一个机器来记录声音呢？
怎么让机器保存声音呢？

说干就干，爱迪生开始不停地实验。

我成功了！这就是我发明的留声机，可以用它把声音留住。

它的原理是什么呢？

原理很简单。爱迪生用了急速旋转的圆筒形蜡管和一块带针的膜片。声音的本质是振动，当物体发声时，就能引起膜片振动，让针在覆在蜡管的锡箔上刻画出痕迹。

啊！

在锡箔上留下的痕迹，反映了声音振动的特性。
声音就藏在我的身上那些振动痕迹里。
留声机通过声音振动的痕迹，录下了声音。
只要按照同样的痕迹来振动，就可以播放录下的声音。
留声机最初没有配备标志性的大喇叭，所以收音效果很差。后来经过不断的改进，才有了我们如今看到的样子。

第二章　声音的传播

声音传播的条件

他去太空了，我们快追！

拉我干吗？

回来。

声音的传播需要介质，因为太空是真空的，没有介质，所以声音不能传播。

我们可以跟上去看看鸣妖到底去哪儿。

站住！！

太空没有空气哦。

他竟然跑到地球上了。

看来他把偷来的声音都藏在这儿了。

砰

闪开！

声波

这是什么？

是声波。

哗——

呜妖从水下发出声音，

声音的振动会以波的形式传播，就是声波。

声波具有能量，所以这些水才会跳起来。

我恐高啊。

好玩，好玩。

啊，谁把我抛起来了？

声波只能在水里传播吗？
当然不是，但是声音不管在哪里，都以波的形式传播。

当敲鼓时，鼓面的振动会带动周围空气的振动，形成的声波向远处传播。

传声的介质

他又跑了。
咻
鸣妖！我今天必须抓住你！
老师，鸣妖跑到这里就不见了。
嘘！
在山里。
你怎么知道？
山里有脚步声，通过土地的振动传到了我的耳朵里。固体、液体、气体都可以传播声音，我们把它们叫作“介质”。
液体
声波
固体
气体

鸣妖，你给
我出来！
砰
怎么变成一
窝小猫了？
不对，你们手里
拿的是什么？
你们是来找我的，
和他们没关系……
啊……我
的光盘。
现在有关
系了。
我需要一个
合理的解释。
喵！
喵！
喵！
喵！
喵！

我……
你说。
好吧，只好把你们都关起来了。
别别别，我说。
声音里的能量是我们的食物，本来想吃完后把声音还回去，
但是拿得太多了，我们也分不清是谁的了。
糟糕，乱了。
限你们三天之内把光盘分类，能还回去的想办法还回去，
还不回去再来找侦探小队帮忙。
好，我们现在就去！

脑筋体操课

你知道为什么我们先看到闪电，后听到雷声吗？

淼叔有话说

我们知道，光的传播速度为每秒约为30万千米。
而声音在空气中的传播速度大约是每秒340米。当光绕地球一圈的时候，声音还没有传出云层。
我一秒大约能绕地球7.5圈。
从哪儿出去啊？

如果说光可以快速而准确地走遍世界每个角落，那声音就是一个路痴。

走这儿，不对，是这边。

雷声和闪电是同时产生的，闪电快速地穿过云层，到达人们的眼睛。这时的雷声还在拿着导航寻找走出云层的路。

等雷声好不容易穿过云层到达我们的耳朵，这个时候距离看见闪电已经过去很久了。

所以我们才会先看到闪电，后听到雷声。

啊，这回没错了。

哎，好慢。

淼叔，有时会听到持续很长时间的雷声，轰隆地响个不停。
啊啊啊……
这是为什么呢？
这是因为，雷不仅是个路痴，还有点近视眼。
因为看不清路，所以总会在路上撞到云层、山峰等。这时云层、山峰就会把雷声来回反射。
我需要配一副眼镜！
于是，我们就听到了拖得很长的雷声。
原来是这样啊，和“眼睛在前，耳朵在后”没什么关系啊。

第三章　神奇的耳朵

是鸣妖！
文曲星，有件急事。

这事我替你办了，走！
我还没说是什么事呢！

等等我们！
对，什么事来着？

这个光盘，我能自己留着吗？
它的主人听不见声音了，也不会说话，这个光盘她用不到。
奇怪，好好的，怎么会听不见声音呢？

就是她？
先把声音还给她吧。
好吧。
怎么没变化？
她有听力障碍，耳朵出现了问题，
所以就算有声音，她也听不到。
文曲星老师，我们帮帮她吧。
我们到她的耳朵里面看看吧。
变小了。
你们去就行了为什么带上我？
我们需要你的帮助。

我们现在所在的地方是外耳。
它只是耳朵的一部分，包括耳廓和外耳道。
估计只剩我和外耳道还在工作了。
耳廓
我们看不到里面的情况，就拜托你们了。
外耳道
放心吧！
我可以收集声波，并把它传递给外耳道。兄弟，接着！
耳廓
我还可以辨认声音来源的方向。
我们现在来到了中耳。中耳包括鼓膜、听小骨和鼓室。
嗨！你们能救救鼓膜吗？它受伤好久了，一直处于昏迷状态。
不用过来了，我们内耳没问题，我都好久没工作了。
你们还是帮忙救救鼓膜吧。
耳蜗
鼓膜
原来是鼓膜出了问题。
是啊是啊。
半规管
前庭

先把声波传过来，
我准备振动了！
听小骨
顺利通过！
鼓膜

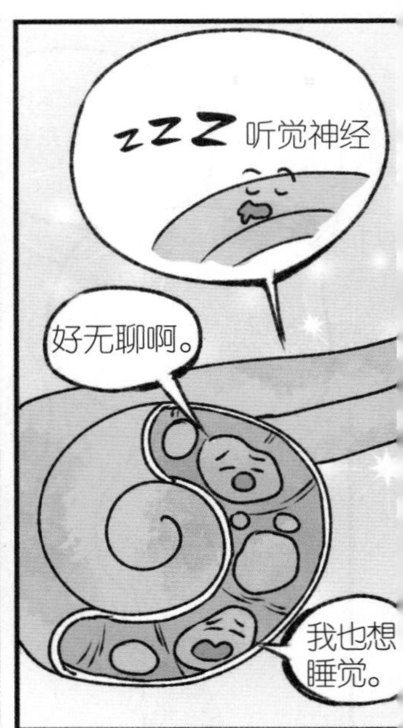
zzZ
听觉神经
好无聊啊。
我也想
睡觉。

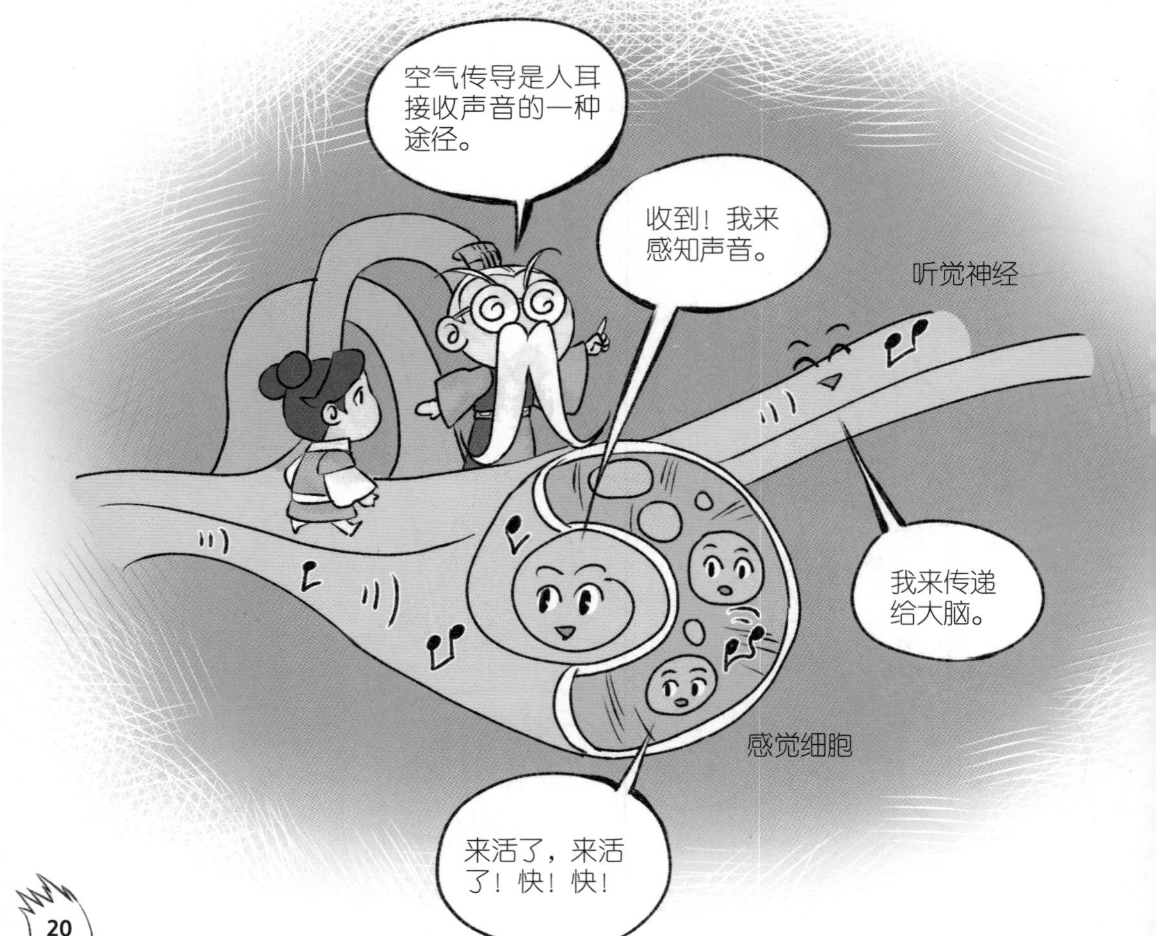

空气传导是人耳
接收声音的一种
途径。
收到！我来
感知声音。
听觉神经
我来传递
给大脑。
感觉细胞
来活了，来活
了！快！快！

为什么出来了？我们不帮助鼓膜恢复功能吗？
可不是医生。
需要赶紧去医
治疗或者借助
器来接收声音。
耳朵像眼睛一样重要！
当然。其实很多人的听力障碍都不是天生的，而是因为各种后天原因。
后天原因？
耳朵也需要好好保护。
好疼啊。
用尖锐的东西掏耳朵、长时间使用耳机、接触噪声等，
都会对耳朵造成很大的伤害。

脑筋体操课

为什么我们捂住双耳，也能听见自己说话的声音？为什么我们总觉得自己的录音听上去不像自己的声音呢？

淼叔有话说

全球约有 4.66 亿人患有听力障碍。

醒醒醒醒。

听觉神经

最严重的是神经性耳聋，也就是耳蜗内的听觉神经损伤。这种耳聋无法治愈，也不能通过助听器来接收声音。

感觉细胞

完了。

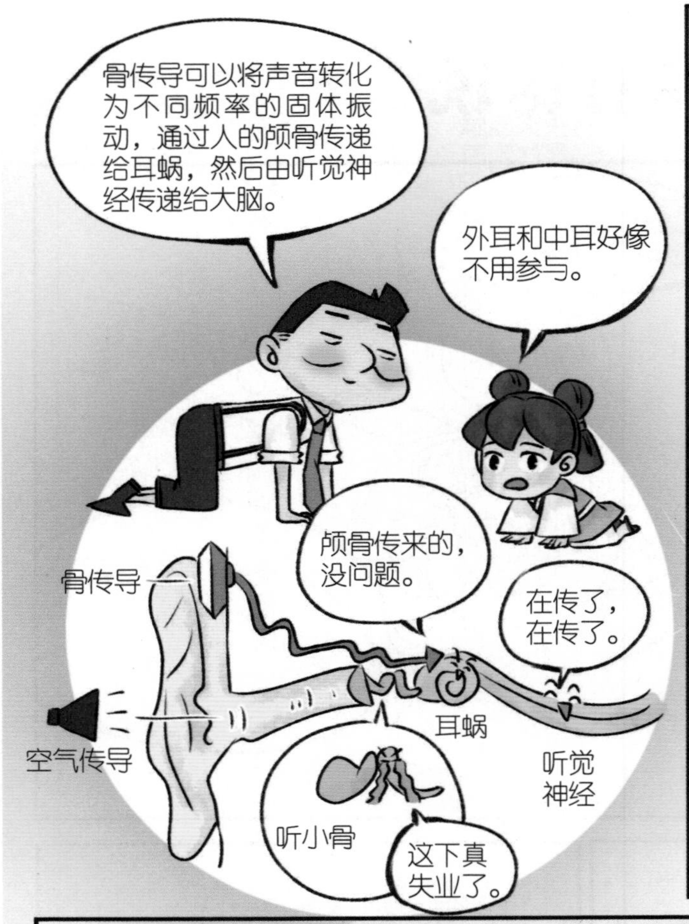

骨传导可以将声音转化为不同频率的固体振动，通过人的颅骨传递给耳蜗，然后由听觉神经传递给大脑。

外耳和中耳好像不用参与。

颅骨传来的，没问题。

在传了，在传了。

骨传导

空气传导

耳蜗

听觉神经

听小骨

这下真失业了。

我们听别人说话时，用的是空气传导。我们听自己说话时，声音会通过我们的骨骼传到大脑。大脑听到我们自己的声音会给它加上一层“滤镜”，过滤掉声音里的瑕疵。所以我们才会觉得自己的录音不像自己的声音。

是主人的声音，好有磁性！
空气传导
骨传导

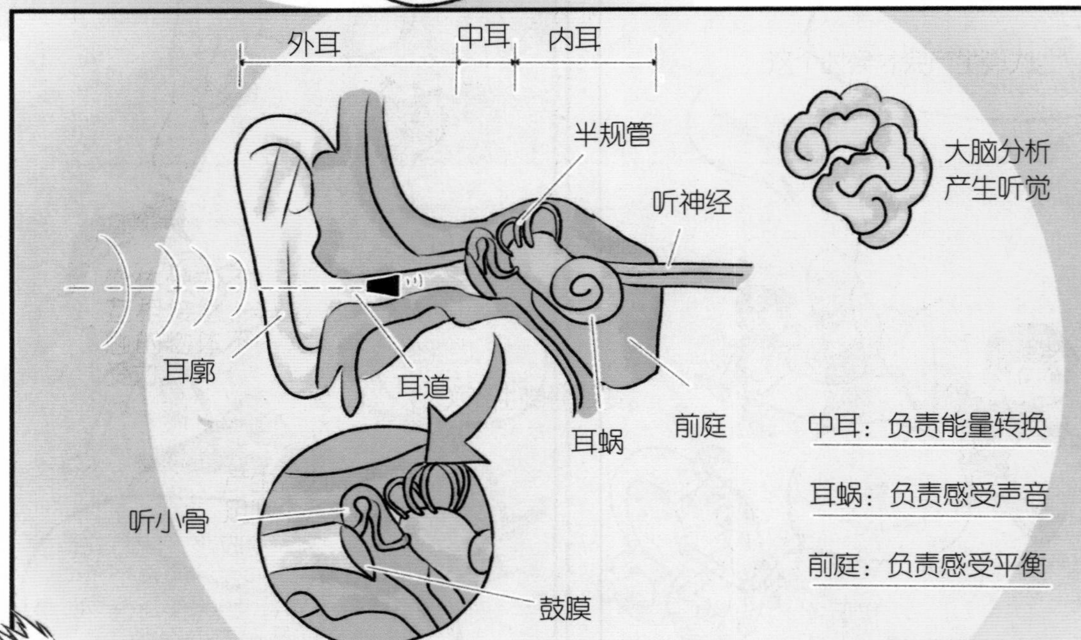

大脑分析产生听觉

中耳：负责能量转换
耳蜗：负责感受声音
前庭：负责感受平衡

第四章　回声

闹鬼的屋子
啊啊啊，鬼啊！
啊啊啊，鬼啊！
哎？这新盖的房子，怎么会闹鬼啊？
我看啊，一定是有人在新房子里装神弄鬼。

你等着吧，我会找侦探抓住你。
你等着吧，我会找侦探抓住你。

就是这里面闹鬼？
就知道学你说话，这个鬼也太无聊了。
他就在里面，你们快抓走他。

一起进去。
哎哎。

回声
他是怎么出现的？
嘘嘘！小点声，他能听见。

没事儿，我不怕！
没事儿，我不怕！

你看，出来了，出来了。
这是回声。

我就说肯定是他搞的鬼。
快把他抓回去！
我就说肯定是他搞的鬼，快把他抓回去！

你看，他当着你们的面还敢挑衅我！
不是有人学你说话。
你看，他当着你们的面还敢挑衅我。

更不是鬼！
那就是鬼！

声音的反射
声音在传播过程中，遇到障碍物被反射回来，反射回来的声音就是回声。
闹鬼啊！
闹鬼啊！
鬼？哪里有鬼？
回声是一种声音的反射现象。
所以根本不是鬼在学你说话，而是墙壁反射了你的声音。
破案了，原来是这样。
可是我盖了很多房子，只有这里出现了回声。
或许你盖了这么多房子，就这座最高最大。
声

产生回声需要满足三个条件：声源、反射面、距离。
只有我还不够，但不能没有我。
声源
没有声源就不会有声音，没有声音就不会有回声。
绕晕了。
如果要反射回声，反射面必须足够大。
我很强壮。
声源
能量满满！
回声球
能量已耗尽。
用点力气。
回声球
没用啊，太远了。
如果与反射面距离太远，就算反射面再大，也没有足够的能量支持回声传到耳朵里。

如果缩短
距离呢?
如果与反射面的距离太近，
由于回声反射得太快，很
可能和原声相撞，两个声
音会重合成一个声音。
你好快!
哎哟!
声音
好大!
回声
原声
这下你清楚了
吧，是你的房
子盖得太大了。
原来是这样，
不是鬼就行。
文曲星老师，你
肚子里有回声。
那是饿了!
为了感谢你
们，我请你
们吃大餐。
咕噜咕噜

脑筋体操课

亲爱的……

……的

亲爱的同学们！

……同学

们！们！们！

好吵啊。

这个回声，好讨厌。

声

声

有什么办法能减少回声吗？

淼叔有话说

你们去哪儿啊？
我们在找不会有回声的地方。
淼叔你知道哪里有吗？
为什么要去回声少的地方？
我们想知道怎么减少回声。
声音可以被反射，也可以被吸收。
电影院就安装了可以吸收声音的特殊材料。
啊！
真的没有回声，是什么材料？
电影院？
吸声材料
吸声材料，你们可以把它想象成一块海绵。
声音在传播过程中，遇到坚硬且光滑的物体，只有一小部分的能量被物体吸收。
大多数能量会被物体反射。
啊

当声音在传播过程中遇到柔软、褶皱的物体时，
大部分声音都会被吸收，只能反射很少一部分声音。
棉花
海绵
回声球
我不是零食啊，别吃我！
声音进入吸声材料后，经过不断的反射，最终能量耗尽，回声也就消失了。
累死了，出不去啊。
回声球
原来是这样。
吸声材料还可以用来做隔音材料。为了避免“隔墙有耳”，一些酒店和 KTV 会用吸声材料做墙壁。
啊~
别人听不到，我们可以啊。
声

第五章　音调：声音的高低

嫦娥的吉他
说！是不是你偷走了吉他的声音？
仙子，肯定有什么误会。
我不会弄错的，最近天宫声音丢失的案件都是你们在搞鬼！
我们真的没偷。
嫦娥仙子？
寻声侦探队，你们来啦。
快来帮我看看，这把吉他出大问题了。
你没事吧？
我就说不是我们。
可我照着谱子弹，和原曲根本不像。
仙子，你知道音调吗？

音调和频率
什么是音调?
其实我也
不清楚。
音调就是指声音的
高低，比如唱歌时有
高音，也有低音。
音调与声音的大小
无关，只与物体振
动的快慢有关。
振动越快，
音调就越高。
蜜蜂的声音小，
但翅膀振动得快，
我就会长高；
牛的声音大，但
声带振动得慢，
我就会变低。
嗡嗡
哞
音
调
我还有一个好朋
友——频率。
频率表示物体
振动的快慢，
频率的单位
是赫兹，用
“Hz”表示。
Hz
声

让我们带你一起认识吉他吧。
这个有什么用?
弦钮用来调节弦的松紧，越紧的弦振动越快，音调越高;
越松的弦振动越慢，音调越低。
粗细不同的弦振动的快慢也会不同。
弦的长短也会影响振动的频率。
粗弦振动得慢，音调就低；细弦振动得快，音调就高。
长弦振动得慢，音调就低；短弦振动得快，音调就高。
原来吉他上有那么多秘密。

听觉频率范围
我可以空灵绵长。
音调是个多变的家伙。
我也可以雄浑粗犷。
懂了，懂了，快让开！
我要给我的玉兔再弹一遍。
怎么回事？难道我的玉兔聋了？
我们听到的音乐和兔子听到的音乐不一样，
因为人和动物的听觉频率范围不同。
人可以听到20—20000赫的声音，这个水平在自然界只能排在倒数。

自然界中，每种动物听到的频率范围都是不同的。狗对低频声音会比人类更敏感，所以它能在很远的地方听到主人的脚步声。

主人回来了！

和狗相比，猫对高频声音更敏感，有人因此发明了“驱猫仪”。

这种仪器发出的声音人类听不到，却可以让猫感到烦躁。

什么声音啊，烦死了！

嫦娥仙子，你怎么了？
哎，只是为玉兔感到遗憾罢了。
没关系，玉兔欣赏不了音乐，我们可以做你的听众啊。
真的？
声

那说好了。我准备和其他仙子们组建一个摇滚乐队，
到时候你们要来捧场！

脑筋体操课

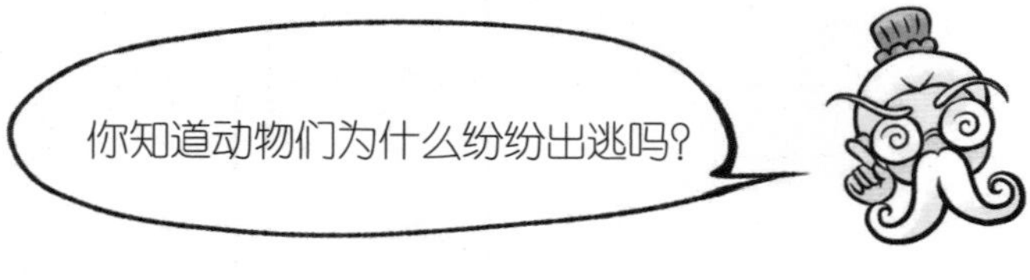

快走快走。

不安全了，
我要搬家。

怎么回事？

大家快逃啊。

你知道动物们为什么纷纷出逃吗？

淼叔有话说

你们怎么还不跑，要地震了！
地震？
啊！真的地震了！
跑啊！
你们没看新闻吗？今天有地震啊。
我们天天查案，哪有时间看啊。
动物们是怎么知道地震的？
它们能听到次声波啊。
好了，好了，暂时安全了。
次声波是怎么回事？
人耳的听觉频率范围是20~20000赫，低于20赫的声音就叫作次声波。
地震来临时，地面先发出次声波，听到次声波的小动物们就开始紧张地搬家了。
次声波

除了地震，像台风、火山爆发、龙卷风、雷电、火箭发射等，都会产生次声波。所以，利用次声波可以探测各种自然灾害的发生。

除了次声波，人们将高于 20000 赫的声波称为超声波。蝙蝠对超声波极其敏感，蝙蝠的视力不好，但能在夜晚到处飞行，这是因为蝙蝠可以发出超声波，利用声波的反射来判断方位。
难不倒我。

人类利用超声波发明了声音导航和测距仪，也就是声呐。它可以用于海洋探测。

本领都被学去了。

第六章　响度：声音的大小

第六章　响度：声音的大小

新邻居
咚！咚！咚！咚！
吵死了！还让不让人睡觉啊。

您没事吧？
今天有案子吗？没有的话，我回去休息了。
您的邻居报案说他的鼓槌丢了。
邻居？

您要是太累，我去就可以。
不用了，邻居报的案，还是我去比较好。

文曲星老师，你的邻居是谁啊？
不知道，刚搬来的，还没见过。

文曲星老弟！我还没去拜会你，
你就来找我了，快进来。

我刚做好饭，随便吃，想吃什么我再做。
侦探们，要喝什么吗？咖啡，还是柠檬水？
够了……
牛奶。
对了，我还给你们准备了一些礼物，我现在去拿。
等等，不急不急。我们是听说你报案了才过来的。
啊！我的鼓槌是在昨晚不见的，找了半宿也没找到。
所以昨天是你在敲鼓？
对啊，好久没练习了，我找找手感。
你知道有多吵吗？为什么非要半夜试手感？

响度和振幅
你听到了？我也没想到响度那么大。
你还知道响度啊？
消消气！消消气！
响度表示声音的大小，它由振幅决定。振幅就是振动的幅度。
轻轻敲鼓时，大米跳得低，鼓面的振动幅度小，响度就小。
轻
重
用力敲鼓时，大米跳得很高，鼓面的振动幅度大，响度就大。
按压钢尺时，力度越大，钢尺的振动幅度越大，响度也就越大。
响度
力度越小，振动幅度就越小，响度也越小。
看来我的力度不小呀！

响度和距离
我是听说这边隔音不错才搬来的，没想到影响你了。
你是忘了响度和距离也有关系吗？
与发声体距离越近，声音就越集中，响度就越大。
距离越远，声音就越分散，响度就越小。
咚
咚
声音太大了！
咚
咚
你说什么？
人们用分贝来表示声音的强度，英文缩写是“dB”。
分贝是以美国发明家亚历山大·格雷厄姆·贝尔的名字命名的。
喂
电话就是我发明的。

分贝
让我们看看人类接触到的声音分贝都是多少吧。
突然暴露在 150 分贝的环境下，会永久性损伤听力。
140 分贝：燃放烟花爆竹的声音
经常接触 90 分贝以上的声音，耳蜗的毛细胞会受损。
120 分贝：飞机起飞的声音
90 分贝：摩托车启动的声音，令耳蜗内细胞抓狂
60 分贝：正常交谈
30 分贝：课堂上窃窃私语
终于安静了。
0 分贝：刚能听到声音
文曲星老师，你该不会晚上梦游拿了灶神爷爷的鼓槌吧。
声
啊？这是个意外，找到就行，找到就行。

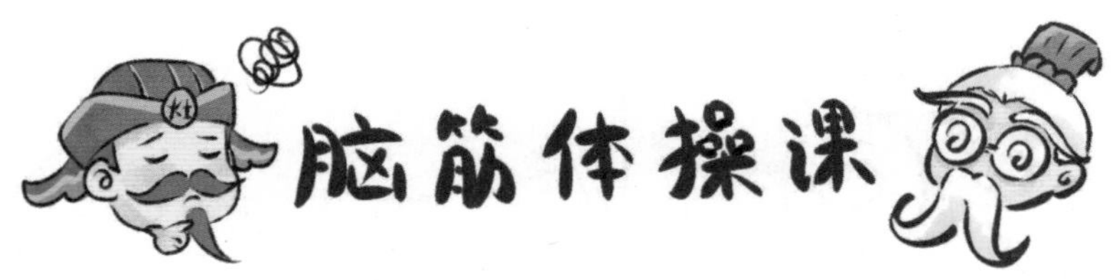

当！

当！

当！

当！

当！

当！

怎么回事？

是不是有贼要偷我的编钟？

啪！

灶神家到底发生了什么？

淼叔有话说

灶神，我来给你送点吃的。
出大事了！我的编钟一直响个不停，玻璃杯也碎了。
你推荐的这个地方是不是风水不好？
胡说。
这是共振现象。刚刚有一群仙鹤飞过，鹤鸣和乐器、玻璃杯产生了共振。
共振？
每秒钟我能振动500次，我的固有频率就是500赫。
在没有任何外力作用的情况下，物体自行产生的振动频率就叫作物体的“固有频率”。
当鹤鸣的声波频率与玻璃杯的固有频率相同或相近，就会发生共振现象，使物体产生更大的振幅和声音。
啊！啊！
500Hz
这么快，我承受不住啊。

声音共振被科学家引入医学领域。
人体的每个器官都在不停地振动运作中。当声波进入人体后，声波的能量会在体内被激活放大，调和器官、血液和细胞的振动频率，让我们保持良好的身心状态。这就是声音共振疗法。
好舒服啊。
当共振遇到次声波，就会对人产生危害。
次声波的波长很长，不易被水和空气吸收，它也能敏捷地躲避各种障碍物。
你们拦不住我的。
小于5赫
次声波一旦进入人体，就会与我们体内的许多器官发生共振反应，严重时会造成器官破裂，致人死亡。
器官固有频率
8~12赫
啊，头疼，好晕。
5赫
19赫
恶心想吐。
6~9赫

奇怪的声音

怎么还没到啊？

呼——

就在前面了。

呼——

设案人说 15 楼有
奇怪的吼叫声，
时候可能要辛
一下文曲星了。

呼！

7楼

呼！

没人告诉我要爬楼梯啊！

呜——呜——

呜——

阿嚏！

15 楼

发声体音色的不同
呜
呜
呜
到底是什么声音？
想弄清楚这个声音，还需要音色的帮忙。
没有人啊。
音色，又叫作音品，表示声音的特性。
每个发声体都有音色，就像每个人都拥有心脏一样。
发声体的材料、结构不同，音色也就不同。钢琴的音色饱满有力，唢呐的音色高亢嘹亮。

不同音色的波形
就算是同一种乐器，也会因为制作材料的细微差别，而在音色上存在差异。
我就是物体声音的身份证！
音色
每个物体的声音身份证都不一样。
不同的音色会拥有不同的波形。
波形的疏密代表频率，波形越密，我越高。
波形的高低代表响度，波形越高，我越大。
我代表波形，我是独一无二的！

利用音色分辨发声体
因为每个发声体的音色都是独一无二的，所以我们可以利用音色来分辨发声体。
排队依次入场。
不要挤，都能识别出来。
这边,这边!
你去那边，那边入口大。

所以我们只要通过音色识别它，就知道是什么声音了。
可是这儿除了风，什么都没有啊。
对啊，是风！你太聪明了！
啊？
风向不同、速度不同，同样是风，但它们具备的音色也各不相同，对吗？
没错。
呜
呜
呜
地面有很多障碍物，比如说树木，它们会吸收一部分风携带的能量，风速会因此减弱。
而在高的地方，障碍物少，风速就快。当风从大楼之间穿过时，与大楼产生摩擦，听起来就像鬼哭狼嚎。
呼
呼
呼
呜
呜
呜
呜

脑筋体操课

我的粉丝在哪儿?

清脆悦耳

震耳欲聋

振聋发聩

窃窃私语

嘈杂刺耳

如雷贯耳

莺声燕语

惊声尖叫

石破天惊

余音绕梁

神号鬼哭

声如洪钟

宛转悠扬

淼叔有话说

欢迎大家来到声音三兄弟的演唱会！有请他们做自我介绍。
我先来！
我先来！
大家好，我是响度！
就你嗓门大！
啊啊啊啊，响度！
响度在组合里代表声音的大小，响度的粉丝在哪里，让我看到你们的双手！
弱

好了好了，该我了。
我是音调，代表组
合里声音的高低。
音调！
音调！
你个假粉丝，刚才
还在为我呐喊？
音调！
高素质粉丝
响度，我永远支持你。
我是音调的粉丝，
我爱你！
高
高
我是音色，这些都是我
的粉丝。我的粉丝们的
音色各不相同。
快为声音三兄弟寻
找更多的粉丝吧！

第八章　噪声

噪声
警告！警告！天宫声波受到不明波形干扰，谨防干扰分子闯入！
怎么回事？
快查清楚不明波形是什么？
收到！
警告！警告！干扰分子已闯入天宫。
来源尚未查清。
头好痛啊，这是什么？
波形杂乱无章，声音难听，使人厌烦，这应该是噪声。
我们先出去看看，不能让干扰分子扰乱天宫。

乐音
嫦娥仙子，你怎么在这儿？
我和姐妹们排练歌舞很久了，终于有展示的机会了。
我们来对抗噪声，为你们争取时间。
天宫
姐妹们，列阵！
仙子姐姐加油！
加油加油！
干扰分子越来越少了！
波形变得有规律了，乐音盖过了噪声。
动听的、让人愉悦的、有规律的波形就是乐音。
一个小时后
还没查到噪声的来源吗？
快了，快了。
仙子加油！
两个小时后
文曲星！快点想办法！
我们撑不了多久！
快了，快了。再坚持一会儿！
好欢乐！

噪声的危害
啊，不行了，这活我管不了了。
干扰分子又增多了。
完了完了，声音超过90 分贝了，这会损伤我们的听力。
而且，它还在持续增长。
我们要赶紧阻止它们。如果噪音达到 150 分贝，极有可能造成我们的耳膜损伤，甚至可能彻底失去听力。
声
先把耳朵捂起来。
治标不治本，噪声还会一直存在，我们总不能一直捂着耳朵。
?
声
声

噪声的控制
我也知道啊。我们先阻断噪声的传播，给书童争取一点时间。
姐妹们！帮忙！
这样能抵挡一部分噪声。隔音墙能吸收和反射一部分噪声。
嘿！嘿！嘿！嘿哈！

我查到了！
怎么回事？
噪声是从地球传来的。
地球上的各种工厂、交通工具都在产生噪声，严重影响了人们的工作与学习。
控制噪声是一项长期的工作，根本方法是从声源处杜绝噪声，这需要我们每个人从身边做起。
在彻底解决噪声之前，还是抓紧在天宫周围围一圈隔音板吧。
天宫

脑筋体操课

咚啪！
咚啪！

大晚上你们不睡觉在这儿干啥呢？快把你们释放的噪声关了！
咚啪！
咚啪！
咚啪！
咚啪！

嫦娥仙子，这是乐音，不是噪声。
打扰我休息的声音就是噪声！

广场舞音乐到底是乐音还是噪声呢？

淼叔有话说

从环保角度看，凡是影响人们正常学习、工作和休息的声音都属于噪声。乐音也可能成为噪声。
关~
图书馆
安静
我们生活在一个充满噪声的环境中，这些噪声聚集在一起，会污染我们的生存环境。

噪声会对我们的身体造成严重的伤害，被称为“看不见的杀手”。

除了会损伤听力，噪声还会攻击我们的神经系统、呼吸系统、内分泌系统等，严重影响我们的身体和心理健康。

难受

刺刺~

为了治理噪声，我们做了很多尝试。

摩托车的消音器用于在声源处减弱噪声。高速公路上的隔音墙用于在声音传播过程中减弱噪声。工厂的工人佩戴防噪耳罩用于在人耳处减弱噪声。

对于这个“杀手”，我们也要加以控制。利用不同植物对噪声敏感程度不同的特性，

科学家制造了噪声除草器，可以在农作物生长之前利用噪声抑制杂草的生长，除掉杂草。

武林声音争霸赛

武林中有个声音派，声音派有两门绝学——传播信息和传播能量。所有弟子都需要认真学习这两门绝学。

传播信息

传播能量

因为内斗，声音派分裂成信息派和能量派。两派争斗不断，约定在武林声音争霸赛一较高下。

我支持信息派！

我觉得能量派会赢！

我觉得它们都挺厉害的。

声音能传递信息
先上场的是信息派！声音可以传递信息，不同的声音传递的信息也不同。
我是让人感到愉悦的声音。
歌声和相声的声波中有很多信息分子，传到人耳中可以让人感到愉悦。
地震、火山、台风、海啸等自然灾害会发生次声波，这些次声波可以被专门的仪器检测到。
对自然灾害产生的次声波进行测量，可以确定灾害发生的方位和强度。

利用声波的回声来探测目标的方法叫作回声定位。
超声导盲仪、倒车雷达、声呐系统通过发出信息分子来检测目标和障碍物。
声音传递信息的特性也被用于医疗活动。
医生使用听诊器听取心脏跳动的声音，以便诊断是否存在心脏病。
B 超是通过设备发射超声波并接收其回声，来形成内脏的电子影像。
信

声音能传递能量
该我们啦！
声音也会传递能量。
嗡——
嗡——
嗡——
碰——
超声波牙刷利用超声波能量去除牙齿上的细菌，从而达到清洁效果。
用到超声波的还有超声波洗碗机、超声波切割机等。
冲啊！

区分声音传递的是信息还是能量
声音传递能量也可以用在医疗中。利用超声波可以切碎人体内的结石。
喊！还是我们厉害！
明明是我们更厉害！
我们！
我们！
呃，我有点分不清什么时候传递信息，什么时候传递能量了。
你们说呢？
区分声音传递的是信息还是能量的关键在于，有没有让物体发生变化。
利用声音来判断物体的大小、距离、位置等，就是在传递信息。
对物体产生作用，改变形状、位置等，就是声音在传递能量。比如，用超声波清洗眼镜上的污垢。

今天，我们必须一较高下！

你们投票吧！

住手！

啊！

咳咳！我觉得两大门派都很厉害，不过论声音的武林高手，那还得是我。

你是谁？

你听说过这位武林声音高手吗？

淼叔有话说

我来也！
这位大侠就
是“枪大虾”。
螯
枪大虾有一对不
对称的手臂。
它的大螯就像强大的
武器，大小占了身体
的近一半。
我的大螯能发射出速
度高达每小时 100 公
里的水弹。
相当于水弹在一秒内
就能跑大约 28 米。

这算什么，水弹炸裂的瞬间，还能形成 80 千帕压强和 210 分贝的声响，比真枪的声音还大。
砰！
210 分贝
150 分贝
砰！
关键是，枪大虾打枪时还能自带光效，水弹炸裂的瞬间，产生的温度能接近太阳表面温度。
熟了！
砰！
好烫！
枪大虾好厉害！
哈哈哈，击败对手那是易如反掌。
喂，我们也不差。
枪大虾好厉害。

大闹物理天宫

物质

李淼 著
云读 绘

5

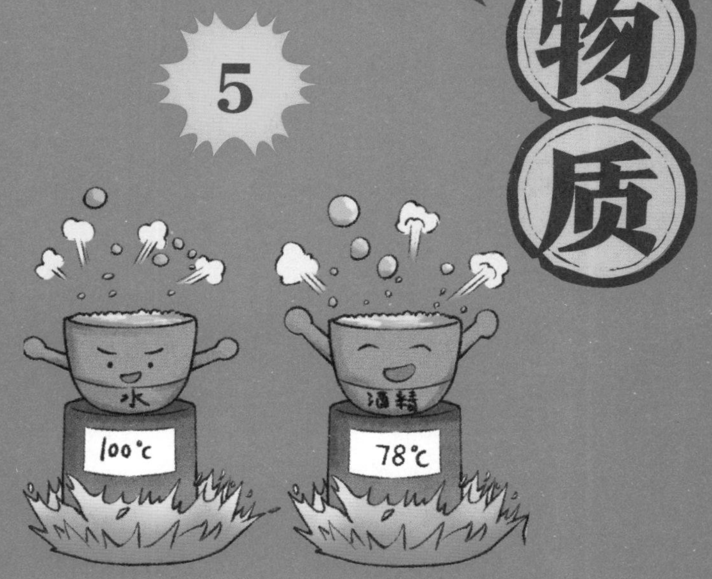

天津出版传媒集团
天津科学技术出版社

团队介绍：

出 品 方： 桔实文化

出 品 人： 张雪松

出版统筹： 郑本勇

文稿编辑： 唐湘芸 刘俊翼

特约编辑： 周思益

整体创意： 李 淼 云 读

脚本执行： 张玉萍 张艾昕

绘　　制： 田莹莹 张盼盼 韩鲤鲤 杨梓淞 左 诗
肖伊彦榕

序

我是李淼，大家都叫我淼叔。我是一位物理学家，也致力于物理知识的科普。物理学是一门非常重要的学科，被誉为“自然科学的带头学科”。物理学研究物质的结构、物质的运动规律、普遍存在的相互作用等。物理学研究的对象很广泛，小到微观世界中的各种粒子，比如电子、中子、质子等，大到游弋在广袤无垠的宇宙中的天体，比如太阳、月球、水星、金星等。可以说，物理学研究的对象无处不在。

我们为什么要学习和研究物理学？因为物理学与我们的生活息息相关，我们无时无刻不在与物理现象打交道。现在，你可以拿住这本书而不滑落，是因为存在摩擦力；你可以看到这本书的文字，是因为光的反射；你可以坐在凳子上而不陷下去，是因为凳子给了你向上的支持力。了解和利用物理学知识可以帮助我们更好地生活。

物理学是每个孩子步入初中校园后会接触到的一门重要的学科。“千里之行，始于足下。”学习知识不能一蹴而就，而要讲究方法，一个良好的开端非常重要。要先培养起孩子对物理学的兴趣，这样才能让他们主动地进入这片知识的海洋中，去自由探索和汲取养分。这套《大闹物理天宫》正是为了实现这样的目标而创作的。它以中国传统文化中耳熟能详的神仙为切入点，包括了文曲星、千里眼、顺风耳……然后用情景故事向孩子讲解基础的物理学知识。整套书共分为六册，涵盖了物理学科的六个主题：电、力、光、声、物质、能量。全书从基础的物理概念着手，一步一步引导孩子围绕每个主题建立起基础的知识框架，拓展视野，提高学习能力。

希望孩子们能够对物理感兴趣，了解物理、学好物理，并爱上物理。

李淼

出场角色表

文曲星：中国神话中主管文运的星宿。文采非凡的人会被形容为“文曲星下凡”。

淼叔：物理学家。

赵公明：民间信仰的“武财神”之一。

关羽：三国时期的名将，民间信仰的“武财神”之一。

比干：商朝时期的大臣，民间信仰的“文财神”之一。

范蠡：春秋时期的商人，民间信仰的“文财神”之一。

王亥：民间信仰的财神之一。

子贡：孔子的弟子，善于经商，被称为“西南路文财神”。

禄星：主管功名利禄的星官。

李诡祖：民间信仰的“文财神”之一。

童子 1：天宫中的童子。

童子 2：天宫中的童子。

童子 3：天宫中的童子。

阿基米德：古希腊著名的科学家。

典韦：三国时期的名将，以勇猛著称。

目录

第一章 物质的定义 01

第二章 质量 09

第三章 密度 17

第四章 密度的测量 25

第五章 密度与社会生活 33

第六章 温度 41

第七章 熔化和凝固 49

第八章 汽化和液化 57

第九章 升华和凝华 65

文曲星，
文曲星！
串联电路
逢考必过
金榜题名
540
保佑我这次物理
考试考高分！
电阻 = R

第一章　物质的定义

误入财神庙

这大雾天真是……

财神庙
这是哪里？

来者何人！报上名来！
别急！
别急！

我是文曲星。大雾天迷了路，走到这里了。
现在又累又渴，想在这里休息一下。

什么是物质
原来是文曲星老师啊！
快进来吧！
多谢，多谢！
原来是文曲星，有什么了不起的。

财神爷，考你个问题，你知道你守护的东西叫什么吗？
不就是金银财宝嘛。

在物理学中，它们可是有统一的名字哦！

Hi
这些金银以及水池都叫作物质。我们把构成宇宙间一切物体的实物和场称为物质。

物质无处不在。不只是看得见的东西，肉眼看不见的空气也是物质。
这么厉害！

物质的组成和结构

物质其实是由很多分子、原子、离子构成的。

这些分子都太小了，以至于我们肉眼根本看不到。

这么小……够小吗？

差远了呢。分子如果和乒乓球比，就像乒乓球和地球比一样。

分子也可以继续拆分成原子。

你们手上的乒乓球就含有很多原子。
太酷了！

原子结构模型
原子还能再被拆分吗？
没想到你还真有两把刷子。
以前，科学家认为原子就是一个实心球，是不可以再被分的。
各位来看！这一定就是原子的放大版！
？？？
后来，又有科学家在原子里发现了更小的电子。
于是他提出了一个“葡萄干蛋糕模型”，认为电子就像葡萄干分布在蛋糕里一样分布在原子里。
这蛋糕也太香了……

物质的物理性质
财神庙

提到香味，就不得不说一说物质的物理性质。
???
什么是物理性质？

比如这块蛋糕的形状、颜色……

快！只有我们挤得够紧，别人才能看到我们是什么！
这些通过分子们的合作来体现的物质的特点，就是物理性质。
呼

乐意效劳！
没想到我们常见的东西，背后有这么感人的故事！文兄，你可得多给我们讲讲知识。

脑筋体操课

物质不需要通过化学反应就能表现出来的性质，就是物理性质。

除了颜色、形状和香味，你们还知道这块蛋糕有什么物理性质吗？

或者，你们知道什么是物理变化吗？

答对了，才能吃哦！

淼叔有话说

蛋糕的变质过程，
是物理变化吗？

不不不。

蛋糕变质可不
仅仅是颜色发
生了变化。

我的蛋糕！

变质的蛋糕会产生新的
物质，比如黄曲霉毒素，
这属于化学变化。
你是谁！快
离开我们！

变质的蛋糕会产生很多
有害健康的物质，所以
一定不能吃哦！

那可真是太
浪费了……

啪

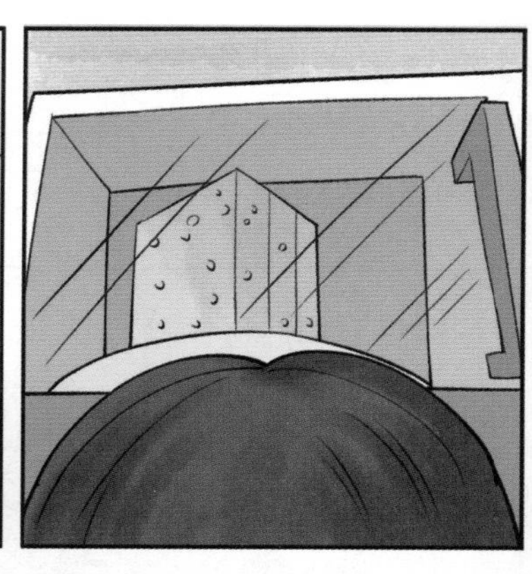

为了人类的美味……拼了！
原来蛋糕的制作，需
要多种物质的努力。

是的，蛋
糕的制作
可是体现
了重要的
物理性质。

烤箱把热量传递给蛋
糕，然后在蛋糕内部
扩散，直到一个美味
的蛋糕完成，这就是
导热性的体现！

蛋糕的美味
传到我的味
蕾，这一定
是“导香性”
的体现！
没有“导
香性”！

第二章　质量

坍塌的架子

不好了！有一个装东西的架子塌了！您能不能来帮帮我们？
什么？在哪里？

救救我……
天啊，这里发生了什么？

承重5kg
你们都没看到这个牌子吗？

这是什么意思？

质量的定义

这说的是这个架子最多能放5千克的东西。

5kg

千克是质量单位，代表一个物体所含物质的多少。5 千克大概是 100 个鸡蛋的质量。

我承受了太多不该承受的……

你们放的东西太多了，超过它的承载范围，架子自然就塌了。

既然这样，我正好有件事情好奇了很久！
可是我们怎么知道那些东西有多重啊？

我这把大刀有多重啊？
哎哟！

徒手测质量可没那么容易，
所以需要工具来帮忙。

老兄！能否借
我一些盐巴？
在中国古代，人们创造出了一种简单的工具，用于比较质量——杆秤。

下次还的时候，记
得还这么多哦！
没问题！

杆秤也在不断更新，现在人们普遍使用电子秤了。
古代人真是聪明！可是这也不太准。

天平的使用

……

什么嘛，一点也不好用。

那就让我来看看我最爱的大刀有多重吧！

啊！

电子秤也有测量限度！超过限度，自然就测不出来了。

质量不轻易改变
文曲星老师、关公，大家吃点西瓜压压惊吧。
如果把西瓜榨成西瓜汁，西瓜的质量会发生改变吗？
8848m
不管在地球，
还是在外太空，
它的质量都不会发生改变。
虽然西瓜肉的状态变了，但是质量不会变。

脑筋体操课

还好有电子秤，否则我都不知道我最爱的老伙计有多重。
那可不一定。
这些东西也能测出质量吗？
你看看这里！

要怎么测出质量呢？

淼叔有话说

把大刀放到船上，先记住大刀会让船沉下去多少，在船身画个记号。
这还不简单，我测给你看！
然后往船上放石头，直到船沉到那个记号的位置。
接着把船上的石头都拿下来，称一下石头的质量，加起来就好啦。
=
还要拿出来！这得数多久呀……

在古希腊，有个国王怀疑工匠在制作他的黄金王冠时偷工减料，于是让人们帮忙验证。
怎么感觉有点轻？

数学家阿基米德就通过类似的方法帮了国王一个大忙。
王冠……
金子……

有了！

如果王冠是纯金的，那王冠排出的水的体积应该和同等质量的纯金排出来的相同。如果不同，就说明王冠里混有别的材料啦。

给我抓住那个狡诈的金匠！

第三章　密度

奇怪的方块

可真是太感谢你了！让我们带你好好参观一下吧！
我的荣幸！

这里就是财神庙后山开采的地方。

开采出来的东西就是建造财神庙的原料。

奇怪，这个怎么搬不动？

不会是什么怪物吧？！

密度的定义

当然不是，只是这个方块的密度和其他的不一样而已。
密度？那是什么？
密度是一种物理量，用于衡量一定体积的物质具有的质量。密度通常由物质的种类、温度和状态决定。

一种物质的密度是一定的，在正常环境中是不会轻易改变的。
再用点力！老大的密度都靠我们了！
你们能不能再亲近一点？我想做个密度超级无敌大的立方体。

哼，我的弟兄们可比你的弟兄们亲近多了！
一定体积的物质的质量越大，密度也就越大。

固液密度比较
哎呀！

怎么不见了？

等我一会儿！
算了吧，太危险了，而且你很有可能白费力气。

好玩！

固体的密度普遍比液体大，所以立方体很快就会沉下去。

因为肺部的空气调节作用，人的密度比水稍小或相等，所以人会浮起来。要潜那么深，把那么重的东西拿上来，就更是难上加难啦。

还是不下去比较好……

液体密度的排序

忙了很久了，先来吃饭吧！

这是什么？怎么这么甜！

你喝之前也不搅拌一下，肯定是糖浆全沉到底下了。

糖

都是液体，怎么糖浆会沉下去？
不同的液体之间也有密度差，密度大的就会沉到下面。
密度小的就会漂在上面。而油的密度一般都会比水小。

快来喝我呀！

固体混合的密度
液体和液体混合之后，密度会发生变化，那固体和固体呢？
当然不行啦！你看这碗和木头也没混合到一起嘛。
砰
砰

虽然我们肉眼看上去是这样，但其实固体和固体之间也是可以混合的。

比如合金。黄金和银的合金通常比纯黄金的密度小。

脑筋体操课

淼叔有话说

铁板的密度
确实比水大。

你可以尝试吃完果冻
后，把果冻袋压扁放到
水池里。

果冻袋很快就
会沉底。
我的好朋友被
吃了……

但是如果你往里面吹
气，再放到水里，它
就会漂起来。

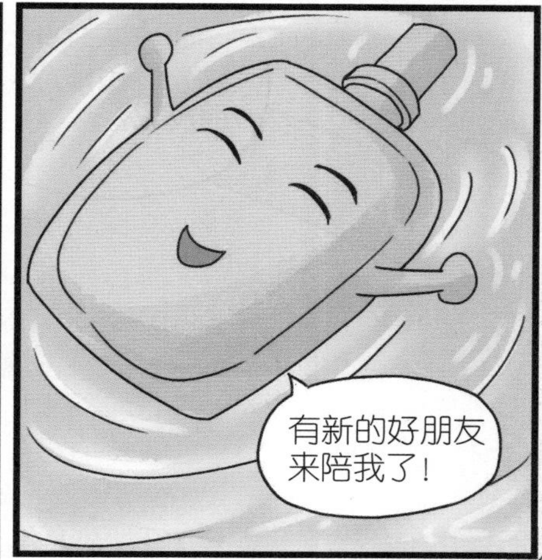
有新的好朋友
来陪我了！

轮船也是
这样。

谁往水里扔
垃圾了！

不仅是铁，船里面
还有很多的空气，
这也算在了轮船的
体积里。
嗝——
你也有好
朋友呀！
轮船的平均密度
因此就会比纯铁
块小很多，就能
够浮在水上。

即使是不同状态的
物质，也能成为好
朋友呢！

第四章　密度的测量

杂乱的储藏室

我们先逛逛别的地方……
这里是干什么的？

呃……

比干先生，这位是文曲星。
财神庙的资源太多了，都不知道怎么整理了。
我知道！你可以试着按密度给它们排一下序！
你怎么知道它们的密度呢？
呃……

密度的决定因素

肉眼当然是看不出来物体密度的。
你们想干什么……

但是可以转换一下思路，找一些明显的、方便测量的数据。

看来要想知道物质的密度，就得先知道它的质量和体积了！
对的，密度主要通过质量和体积来体现。

数据都称量出来后，用质量除以体积就可以得出物质的密度啦。

体积的测量

体积……大概这么大？还是这么大？

这些长得规整的物体，它们的体积很好测量，只要测出它们的长、宽、高，用体积公式就可以算出了。
这也太难量了……

对于这种不规整的物体，就得换个方法了。
这时候就要用到我们的好朋友——量筒。

500ml
400ml
300ml
200mL
100mL

量筒的使用
最简单的使用方法就是先往里面放水，记住水面对应在量筒上的数字。然后把小石头放进去。

500ml
400ml
300ml
200ml
100ml

再读量筒上的数，减一下之前的数字就好啦。

有些物体太大，就不能用量筒了。

把它放在盛满水的容器里。

最后测溢出来的水有多少，就可以知道这个大石块的体积是多少了。
有点头晕。

使用量筒的注意事项
要注意的是，量筒里面的水位可不能超过量筒最高的测量值。
怎么到我就没有数字了？

大概……这么多？
也不能估算，为了准确只能分次测量。

咦，你这个刻度怎么比我看到的小了很多？

读刻度的时候得平视液面。从上往下看时，读出来的数值会偏大；从下往上看时，读出来的数值会偏小。
记得平视哦！

脑筋体操课

你们也太
认真了……

别那么讲究，凑合凑合
得了，再精细还能有什
么新花样不成？

你可别说，在科学实
验里，通过对细小差
别的观测，还真能有
重大的发现。

淼叔有话说

19世纪末，英国物理学家瑞利发现，从空气中取得的氮气的密度和从氨气中取得的氮气的密度，在数值上差了0.0067kg/m³。

终于，在化学家拉姆赛的帮助下，他发现空气中取得的氮气里有别的东西存在。
可恶，谁是内鬼？

那是当时还没有被发现的气体氩。
氩的密度比较大，所以从空气中取得的氮就会比纯氮的密度大。

瑞利也凭借他的这一发现，获得了1904年的诺贝尔物理学奖。
千万别算错了！我们都要有执着的科学研究精神！
所以如果你们也想在科学研究方面有所成就，也要有刨根问底的精神。

第五章 密度与社会生活

哪来的风？

文曲星，这是范蠡（lǐ），也是财神庙的一位财神。

我们接下来要参观的地方，可是只有财神庙的贵宾才能踏足哦。

可恶，总是有突然刮起的怪风……

这种怪风只不过是温差造成的气体流动而已。

温度与密度
温度会改变物质的密度。
气体受到的影响最大。
空气受热会膨胀，体积变大了，密度就会变小，空气就会上升。热气球就是利用这个原理飞起来的。
同时，热空气上升之后，别的冷空气就会填补它们的空位。
哎哟……风怎么这么大。
在这样的过程中，空气之间的流动就形成了风。

热胀冷缩的后果和防范
热的时候膨胀，冷的
时候收缩，这种现象
叫作“热胀冷缩”。

只有气体会这样吗？
一般固体和液体也会热胀冷缩，只是不会像气体这样明显。

我能平安地度过这个冬天吗？
热胀冷缩现象会影响人们的生活，比如冬天的自来水管容易受损。

水管内部的水如果结了冰，因为冰的密度比水小，在体积增大后会把水管胀裂。

好了好了，这下不用再担心皮肤开裂了！
所以冬天需要对自来水管做特别的保护。

水的密度变化
正是因为水会冻成冰，所以水的密度变化比较特殊。
4℃
水在4℃的时候密度最大。温度高于4℃的时候，温度越高，水的密度越小。
但是温度低于4℃的时候，温度越低，水的密度也越小。
你怎么走了？
这是因为水如果凝固成冰，体积变大，密度就变小了。
我，不再是从前的我了！
即使湖面在冬天结了冰，因为冰的密度比水小，会浮在水面上，让湖底的水温变得稳定，保持在4℃左右，所以鱼儿们可以无忧无虑地游来游去呢。

密度的应用
密度可真是神奇……你讲累了吧？喝点牛奶润润嗓。
这可是品质最好的牛奶！
谢谢！密度的知识在这里也能被应用呢。密度能够判断牛奶的品质是好还是差。
航空器材也常常采用低密度的合金或者新型合成材料，让机体的质量轻一些。
机床底座坚如磐（pán）石，所以就要用密度大的材料。

脑筋体操课

不知道自己的优点在哪里？我们帮你找！

我的优点是什么呢？

是啊，人们为了让生活更加方便，会利用各种材料的优点，设计出相应的物品。

真讲究。每种材料都有各自的特点呢。

而且每当有一种新材料问世，都会引起人类社会的重大变革。

材料真的太神奇了！

下一种新材料会是什么呢？

淼叔有话说

石器时代，人们通
原料的简单加工获
器。这样他们就可
猎，维持生存。

后来，人类的工具制
作水平不断提高。
就没有什么更
好用一点的东
西吗？

人们学会了制作磨制石器、陶瓷
等，于是进入了新石器时代。

后来，人们又发现了一
种合金，也就是青铜。
它比石器更加耐用。

青铜器大大促进了农业
和手工业的发展。

到了春秋战国时代，
铁器非常盛行。

铁做的农具、

餐具以及兵器，

都被广泛使用，大大促
进了社会的发展。

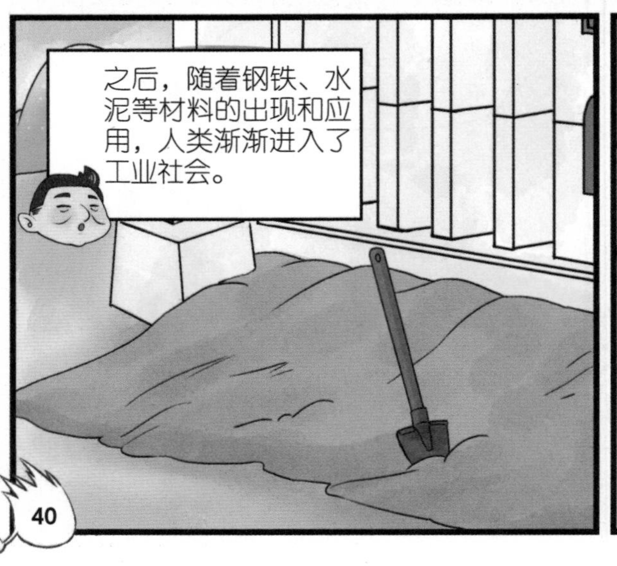

之后，随着钢铁、水
泥等材料的出现和应
用，人类渐渐进入了
工业社会。

到了 20 世纪，半导体
等新材料把人类从工业
社会推向了信息社会。
PAD
PAD
laptop

第六章　温度

怎么这么热？
这里是什么地方？
这里是我们焊接金属的车间，黄金就是在这里塑形的。

欢迎贵客远道而来，我是王亥，一路上辛苦了，可有什么不便？
你好，我是文曲星。

不知道为什么，每次来都觉得像火山喷发了一样闷热。

我倒是觉得这里的温度挺舒服的呀。

这是因为我们刚来，还没适应温度。王兄一直待在这里，自然感觉不到闷热了。

温度计

那这里究竟是热还是冷……

温度是很难感受出来的，需要靠工具才能确定其数值。

比如这个！

这就是温度计，它利用了液体热胀冷缩的原理。

红色液体的最高处对应的数字就是它测量出来的温度。

现在是……35圈C！
天啊！

温度单位
可不是这么读的。这个符号是摄氏温度的意思。

分别是多少摄氏度呢?

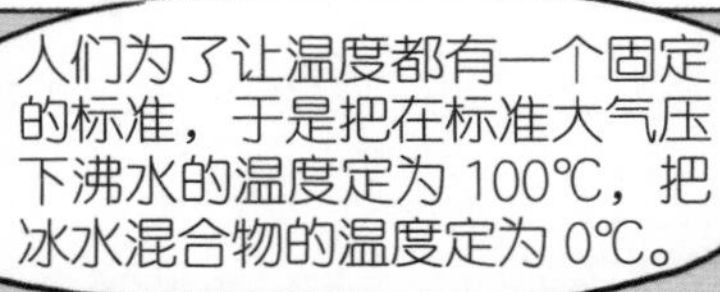
人们为了让温度都有一个固定的标准，于是把在标准大气压下沸水的温度定为 100℃，把冰水混合物的温度定为 0℃。

好冷哦！
好烫哦！

在它们中间可以分成100个等份，每个等份就代表 1℃。

温度计的使用
你怎么了？
没事没事，不过这个温度计可以测量所有物体的温度吗？

不是这样的。温度计有测量范围，如果超过了测量范围就测不出来了。

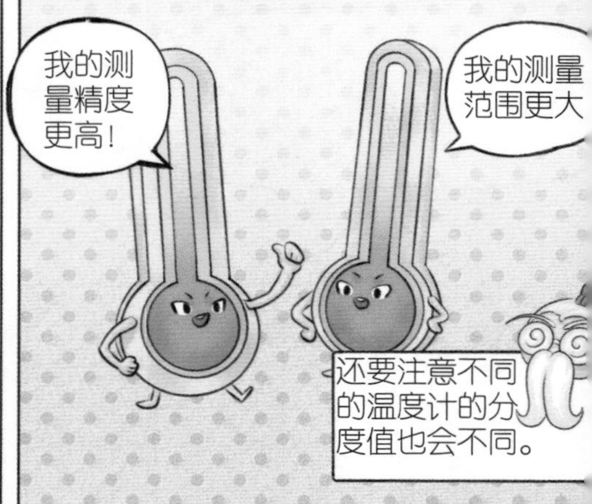
我的测量精度更高！
我的测量范围更大
还要注意不同的温度计的分度值也会不同。

哪里出了问题呢？
在测的时候也要注意不要碰到别的东西，否则测出来的数值就不准了。

我好像生病了……想确认一下有没有发烧。

体温的准确测量
测体温可不能用这种家用温度计，需要用专门的体温计。
它的刻度范围通常为35℃到42℃，每一小格的刻度也更加精确。
我可是治病的好帮手，当然是最精确的！
在测量体温的时候，人体各部位的温度不尽相同，医生通常会选直肠、口腔舌下和腋窝来进行测量。
直肠温度最稳定……
不过口腔的温度测量最方便，可以看情况选择。
还好……

脑筋体操课

天啊，41℃！都要烧迷糊了吧，快去休息。
我要向天帝请假了……

文曲星老师，我有个事情不明白。

嗯？

上班了，上班了！

在给王亥测体温之前，为什么要一直甩体温计啊？

你知道使用体温计前为什么要甩几下吗？

淼叔有话说

1858 年，德国医生冯德利希创造出了通过体温诊断疾病的方法。

怎么回事呢？

好冷啊！

好热啊！

在测量的时候，他不敢从病人嘴里拿出体温计，只能不时低头看上面的温度。
您休息一会儿？

因为体温计一遇空气，温度数值很快就会降下来。
拿出来就不准了。

后来英国医生阿尔伯特想出了一个办法。他在水银管里造了一条很窄的小道。

在测温的时候，水银先是受热膨胀被挤到了上面。

当体温计离开人体的时候，水银受冷收缩，窄道里的水银断开，上面的水银退不回去，方便读数。
热。
是啊！
我要和你们在一起！我再也不下去了！
好冷！

而要让水银回到玻璃泡里，就只能用力往下甩，把水银甩下去。
好晕。
地震了！

当然，随着电子体温计、测温枪等温度计的出现，体温的测量也就变得更加简单和精确啦。
人们的身体健康，由我们守护！

第七章　熔化和凝固

金子的改造
没有令牌，进不去怎么办？
我们先回去吧。

您就是文曲星吧！我是子贡，天子派我来接替王亥工作一天。
你好！

这位小童子，你拿的是什么？这么精美！

这是用那个变成的。

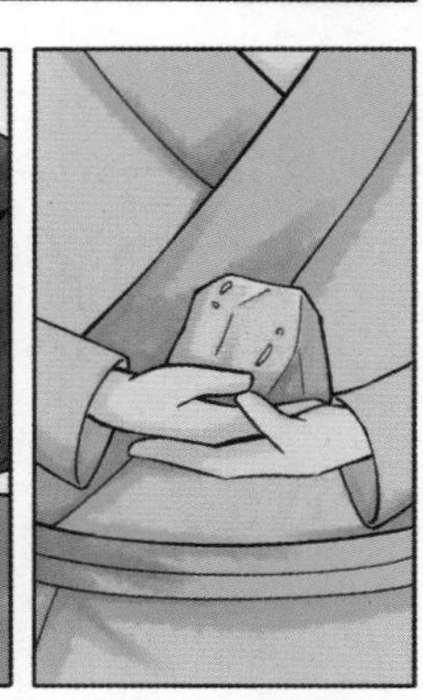

叮叮
这么硬，如何变成那么小的东西呢？

我们可以去车间逛逛吗？
没问题，王亥也请我送文曲星一个小礼物！

哇！
这里有个游乐园吗？
这可不是游乐园。这些不过是常见的物理变化。
只要心态好，哪里都是游乐园！

固态的物质在高温的情况下，会变成液态或者气态。

好热……
好热……

将物质从固态变成液态便于制作人们想要的东西。物质在各种状态之间的转化，就是物质的物态变化。

熔化和凝固
这些黄金从固态变成液态的过程，叫作熔化。
我知道！雪变成水也是“熔化”！

这两个可不一样哦！黄金从固态变成液态需要高温加热，所以是火字旁的“熔”。
冰雪从固态变成液态不需要这样做，所以是“融化”。
原来是这样！

确定了黄金的造型后，需要让它冷却。

从液态变成固态的过程就叫作凝固。
我怎么……动不了……

熔点和凝固点
好问题！
万一它突然熔化了怎么办？

包括黄金在内的金属都有熔点，就是从固态变成液态需要达到的温度。
我快要熔化了。

熔点是物质的重要性质。只要金属物质本身的状态没有变化，不管是什么形状，它的熔点都是一样的。
反过来，液体转变为固体也需要一定的温度，我们把这一温度叫作凝固点。

0℃
也就是说，同一种物质的凝固点和熔点是相同的，形态转化的方向是相反的，对吗？
纯物质是这样的。一般来说，熔点比凝固点低1~2℃。

吸热还是放热
需要对物质加热，它才能继续熔化。这说明熔化的过程，物质需要吸收热量。
热量，快来一起玩吧！
相反，凝固的过程中，物质需要放出热量。
我已经冷静下来了，你们走吧！

叮咚
叮咚
往饮料中放入冰块，就能得到一杯冰镇饮料，就是这个原理。
这不只是因为冰块的温度更低。
好冷哦！

冰块在变成水的过程中会吸收热量，饮料的温度就会下降。

脑筋体操课

我想做一大杯冰块，便把水放在冰箱的冷冻室里，但是没有成功，这是为什么呀！

不可能呀？水里面加了其他东西吗？

我加了酒精，都是液体，会有什么影响吗？

淼叔有话说

虽然都是液体，但是酒精和水的凝固点是不一样的。
水的凝固点是0℃，而酒精的凝固点是 -117℃。
酒精和水混合后就成了混合液体，它的凝固点要低于纯水。

你很冷吗？

所以在 -5℃的冰箱内，酒精和水混合的液体不会变成冰块，因为凝固点还没达到。

暖和多了。

在一种液体中加入另一种液体，使其凝固点降低的原理，同样体现在其他地方。

妈妈，冬天了，松树怎么还有叶子？

松树的叶子在入冬之前储存了大量的糖分。
糖分让叶子里液体的凝固点大大降低。

没关系，还有我呢！

在糖分的保护下，松树抵御住了低温。
愉快地过冬！

第八章　汽化和液化

没干的墨水
谢谢子贡兄的礼物。时候不早了，我也该回去了。
客气啦，反而是我要谢谢文兄的讲解。

稍等一下！
嗯？

久仰您的大名，作为您的小粉丝，我想送您一点小礼物，请笑纳。

怎么会这样……

不管怎样，谢谢你的心意啦！
我明明写得很认真……真是不好意思！

蒸发
没关系，你一定是太着急，没有等墨干透就收起来了。
不愧是文曲星！能说说原理吗？

这可说来话长……物质的液态和气态是可以相互转化的。其中，物质从液态变成气态的过程，就叫作汽化。

墨汁的蒸发就属于一种汽化现象。这在任何温度下都能发生。

不过有些墨汁中的水分很难蒸发。

放开我……

这时候就需要放到通风的地方晾干，或者用冷风筒吹干。

谢谢你！

沸腾
你别急……我烧壶水给你喝，冷静一下。
原来如此……听到你来财神庙的消息，怕见不到你，我太心急了些……

哎哟！
嘶
嘶
嘶
这声音像水在尖叫一样。

好好玩！
这其实是水中的气体在沸腾的过程中被释放出去时发出的声音。

“水烧开了”在物理学中就叫作沸腾，是一种剧烈的汽化现象。

水
100℃
酒精
78℃
而在相同的气压下，各种液体沸腾的时候都有确定的温度，这个温度就叫作沸点。不同液体的沸点也是不同的。

液化
我怎么突然看不见了……
这是因为液化。液化是物质从气态变为液态的过程。
酒精
比如气态酒精冷却到一定温度后，又会变成液态酒精。
酒精
热水的温度让水蒸气更加活跃。
热的水蒸气碰到了冷的镜片就会凝结成小水珠。
人类也做了很多实验，证明所有气体在标准大气压下，温度下降到足够低的时候都可以液化。
100°C
-183°C
-195.8°C
水蒸气
氧气
氮气

液化的好处和坏处
液化的应用给生活带来了很多便利。

???
液化气
气体在液化之后，体积就缩小了，便于人们储存和运输。
有些家庭利用石油加工后产生的可燃气体做饭，这些气体在液化后被存储在钢瓶里。

都别靠近我！
因为气体液化会放热，所以水蒸气对人体造成的烫伤，往往比开水烫伤更加严重，需要格外小心。

脑筋体操课

淼叔有话说

过去的电冰箱使用氟利昂作为制冷剂。

它容易被汽化和液化。

汽化的时候吸热。

液化的时候放热。

所以它是一个很好的“热”的“搬运工”。

氟利昂先是在冷冻室里汽化、吸热，让冰箱内的温度降低。
氟利昂
然后生成的蒸气会在冷凝器里液化，把热量通过
冰箱壁上的管子排放到外面。

液化后，氟利昂又回到了冷冻室。经过这样的循环，冰箱的冷冻室就能保持相当低的温度。
氟利昂
热量搬运，就来找我氟利昂！
氟利昂
不过，如果电冰箱损坏，氟利昂扩散到大气中，就会破坏保护地球的臭氧层。

氟利昂

所以现在全世界都限制了它的生产，使用新型物质作为冰箱的制冷剂。

第九章　升华和凝华

漂亮的冰花

这会儿外面的风太大了，恐怕文兄不能坐热气球回去了。

隆

隆

不过我请了一个朋友……

隆

隆

你们好！我来护送文曲星回家！

待会儿我们要经过的那片森林温度非常低，车上的空调坏了，你们可别着凉了。

哇！这是什么？怎么这么漂亮？车窗上竟然会长冰花！

这可不是玻璃上长出来的。

凝华的原理
你好！不认识我了嘛！
它们其实就是空气中的水蒸气。
外面太冷了，水蒸气冷到已经没有能量维持气态了。
略过
于是就跳过了液态，直接变成了固态。
物质从气态直接转变成固态的过程，被称为凝华。
我呢？
我变好看了！
在北方的秋冬两季，地面和屋顶会出现霜，这也是凝华现象的体现。
你们快来加入我们吧！

升华
哪来的小虫！
咦，我放在车里防虫用的樟脑片到哪儿去了？
你看到谁偷走了吗？
你好好开车！反正现在也找不到你的樟脑片了。
当然不是被人偷，因为樟脑片会直接变成气体，然后消失。
什么味道？
物质从固态直接转变为气态，就是升华。
这样的物质很少。但樟脑片的特殊性质让它很容易升华，所以它很早就到空气里啦。
再见……

吸热和放热
热量呢……
热量呢……
气体分子喜欢到处乱窜，所以它们本身的能量就很高。
今天也是活力满满的一天！
水蒸气
物态的变化总是离不开热量。
羡慕
相反，从气态变成固态的时候，物质就需要放热。
因此，物质从固态变成气态，也就是升华的时候，物质需要吸热。
放热
吸热
不行，我得冷静一下了。
我需要你们帮忙……

升华的利用

升华的性质被人们发现，然后运用到了生活中，增添了不少便利。

人们常说的干冰其实是固态的二氧化碳。

二氧化碳

低温高压

干冰

干冰在室温下，会从固态变为气态。这个过程会吸收热量，周围的空气就会变冷。
二氧化碳
空气
空气
干冰
好冷……

所以人们运输食品的时候，可以用干冰给食品降温，防止它们变质。
冷链运输
食品
这下就不会浪费了！

脑筋体操课

财神庙
文兄，一路顺风！
哗
哗
怎么突然下雨了，
快回去躲一躲！
真是不走运……
不过下雨也是
水发生三态变
化的体现呢。
你们知道地球上
的水是怎么循环
的吗？

淼叔有话说

阳光晒热了海洋，于是海水蒸发，成为水蒸气上升到空中。
上升到空中的水蒸气又与冷空气接触，于是液化成了小水滴。
大量的小水滴悬浮在高空中,就形成了云。
原来云真的不是棉花!
小水滴相互聚集，就会凝结成大水滴，向地面降落就成了雨。
如果遇到更寒冷的气流，水滴就有可能凝固成小冰珠，最后形成冰雹落到地面。
我要……撑不住啦!

水蒸气

冬天，高空会更加寒冷，于是水蒸气会直接凝华成微小的冰晶。

这些冰晶聚集起来，就形成雪花飘到地上。

这些从天而下的降水，最后大部分汇成小溪。

小溪汇成江河，最后又会流入大海，循环就完成了。

好久不见！

终于回家啦！

大闹物理天宫

6

李淼 著

云读 绘

天津出版传媒集团

天津科学技术出版社

团队介绍：

出 品 方： 桔实文化

出 品 人： 张雪松

出版统筹： 郑本涌

文稿编辑： 唐湘芸 刘俊翼

特约编辑： 周思益

整体创意： 李 淼 云 读

脚本执行： 张玉萍 张艾昕

绘 制： 田莹莹 张盼盼 韩鲤鲤 杨梓凇 左 诗 肖伊彦榕

序

我是李淼，大家都叫我淼叔。我是一位物理学家，也致力于物理知识的科普。物理学是一门非常重要的学科，被誉为“自然科学的带头学科”。物理学研究物质的结构、物质的运动规律、普遍存在的相互作用等。物理学研究的对象很广泛，小到微观世界中的各种粒子，比如电子、中子、质子等，大到游弋在广袤无垠的宇宙中的天体，比如太阳、月球、水星、金星等。可以说，物理学研究的对象无处不在。

我们为什么要学习和研究物理学？因为物理学与我们的生活息息相关，我们无时无刻不在与物理现象打交道。现在，你可以拿住这本书而不滑落，是因为存在摩擦力；你可以看到这本书的文字，是因为光的反射；你可以坐在凳子上而不陷下去，是因为凳子给了你向上的支持力。了解和利用物理学知识可以帮助我们更好地生活。

物理学是每个孩子步入初中校园后会接触到的一门重要的学科。“千里之行，始于足下。”学习知识不能一蹴而就，而要讲究方法，一个良好的开端非常重要。要先培养起孩子对物理学的兴趣，这样才能让他们主动地进入这片知识的海洋中，去自由探索和汲取养分。这套《大闹物理天宫》正是为了实现这样的目标而创作的。它以中国传统文化中耳熟能详的神仙为切入点，包括了文曲星、千里眼、顺风耳……然后用情景故事向孩子讲解基础的物理学知识。整套书共分为六册，涵盖了物理学科的六个主题：电、力、光、声、物质、能量。全书从基础的物理概念着手，一步一步引导孩子围绕每个主题建立起基础的知识框架，拓展视野，提高学习能力。

希望孩子们能够对物理感兴趣，了解物理、学好物理，并爱上物理。

李淼

出场角色表

文曲星：中国神话中主管文运的星宿。文采非凡的人会被形容为“文曲星下凡”。

淼叔：物理学家。

祝融：中国神话中的火神。《山海经·海外南经》记载，祝融为兽身人面。

燧人氏：神话传说中的圣人，发明了钻木取火，出自《王子年拾遗记》。

精卫：炎帝的女儿溺死于东海后，幻化而成的鸟，出自《山海经》。

目录

第一章　分子热运动　01

第二章　分子间的作用力　09

第三章　内能　17

第四章　内能的改变　25

第五章　比热容　33

第六章　能源　41

第七章　核能　49

第八章　太阳能　57

第九章　能量的转化　65

第十章　可持续发展与能源　73

文曲星，
文曲星！
保佑我这次物理
考试考高分！
逢考必过
金榜题名
串联电路
电阻 = R

第一章　分子热运动

初来乍到

是谁？

你怎么和打了鸡血一样？
大哥！是我！我来接你的班！

这可是咱们家族传承的事业！
别怪大哥没提醒你。这能量池可不是一般的神能驾驭得了的。你可自求多福吧。

砰
池子这么安静，看守它能有什么困难？
能量池

什么是分子

能量池
什么也没有啊……

唔……
你可千万别这么说！能量池里的分子君和原子君们听到可要生气了！它们最不喜欢被别人无视了。
原子
分子
分子的直径为 0.3~0.4 纳米。一颗鸡蛋的直径通常是 4 厘米，1 厘米等于 1000 万纳米。所以分子非常非常小。
分子君和原子君们构成了世界上的大多数物质，却因为个头太小我们凭肉眼根本看不到它们。
它们得有多小啊？
原来如此。
鸡蛋
分子

加油！！

分子的能量非常充沛，每时每刻都在做运动。

了不起！

哈哈，我飞起来了兄弟们！

你撞我干什么！

这是我的路！

分子热运动
咕
文兄，你还有其他吃的吗？
这儿还有个鸡蛋，不过是生的。

这还不简单！瞧我的！
不能这样加热！太危险了！

分子的运动受到温度的影响。温度越高，分子的运动越剧烈。

我自由啦！

经常有人类因为直接用微波炉加热鸡蛋，导致鸡蛋爆炸而使自己受伤。

鸡蛋里面的位置有限，等到分子们积蓄了足够的力就会冲破蛋壳，然后鸡蛋会炸开。

分子扩散
真香啊。不过这烟最后怎么都不见了。
只有气体会这样吗？
这叫扩散，就是不同的物质在互相接触时彼此融入。
不是的，液体也会。喝一杯咖啡吧！
咖啡
牛奶
我最喜欢喝咖啡了。
咖啡分层后界限会变得模糊，这就是液体扩散的现象。
Pb
固体分子也会扩散，但需要的时间就长多了。金和铅紧贴在一起，五年才会靠近 1 毫米。
铅兄弟！等我五年……

脑筋体操课

我头好晕啊……

有没有什么安全又稳定的办法来证明分子们的运动受温度影响呢？

这还不简单？

热水

常温水

黑水

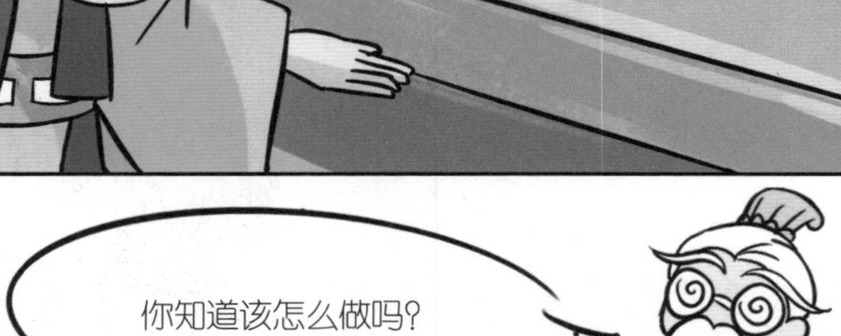

你知道该怎么做吗？

淼叔有话说

通过红墨水我们可以明显看到水在加热和常温状态下的不同。

红墨水能更快地与加热后的水溶成一片，而与常温的水相溶就会慢一些。

红墨水的加入让分子们的运动更加明显。让不明显的物理现象变得更直观，这也是物理学中常见的实验方法。
当然，只改变一个实验条件，其他的条件不变，也是一种实验方法，我们叫它控制变量法。这次实验中，祝融兄的火起到了不小的作用。
哎呀，过奖过奖！

第二章　分子间的作用力

苹果为什么掰不开？
你吃苹果吗？
我喜欢吃苹果！

我爸妈说了，什么都吃才能营养均衡！
倒也不挑食。

好东西要分享才行。让我来平分这个小苹果！
哈哈，只有饮食健康可不行，还要多锻炼身体！

叮——
啪！
现在是文明时代，我们要学会用工具。
一定是这苹果有问题！也太难掰了。

气体分子兄们就不一样了。它们更加独立，引力就弱一些，所以气体的体积也就没那么稳定。

怪不得！分开空气这么容易！

斥力
哎哟！
我们得整理一下
之前的垃圾了。

哼，你可有苦头吃了！

别过来！再靠近就不礼貌了！
呼……怎么还没有变
成薄薄的一张纸？
除了引力之外，分子兄们之
间还有相互排斥的力，叫作
斥力。

所以即使扩散现象告诉我
们分子之间有间隙，固体
和液体还是很难被压缩。
你怎么那么野蛮！
懂不懂礼貌啊！
对不起，对不起！

分子距离
原来分子之间的距离有这么多讲究。
没错，分子间的距离要合适，不能太近，也不能太远。
如果距离很远，分子之间几乎没有作用力，组成不了物质。
没事没事，你完全不用担心我。
让我们保持距离！
它们的距离越近，斥力和引力越大，超过一定值时，作用力表现为斥力。
它们的距离越远，斥力和引力越小，超过一定值时，作用力表现为引力。
我不想离开你！我会想你的！
看来，为了分子们的心理健康，还是不要强迫它们的好。

不同状态的分子之间的距离
世界上所有的分子之间的距离都是一样的吗？
那倒不是。不同状态的物质，内部的分子之间的距离有比较大的差异。
通常气体分子、液体分子和固体分子之间的距离是依次缩小的。
它们之间的作用力则相反，是依次增大的。
没有什么能让我们分开！
文兄真是博学多才！咱们都是固体，所以咱们之间的作用力很强！怪不得我这么崇拜你！
这是什么逻辑……

脑筋体操课

你瞧，人类也在想办法证明分子间存在引力。

其实磁铁之间的引力更强，你知道为什么老师们用铅柱举例而不用磁铁吗？

淼叔有话说

磁铁之间有吸力，是因为正负两极相反的磁场互相吸引。它们是互相奔赴的关系。

N S S N

而铅块相吸就是利用了铅块分子的引力。
啪
同样是相互吸引，铅块分子间保持了一点距离，磁铁分子们则紧紧抱在一起。
别难过！不就是被老师拿出来当例子嘛，你还有我！
尽管现象相同，但两者本质是截然不同的，所以完全不能替代。
原来还有这样的深意！严谨！
被嫌弃了……
你们也别太伤心，人类可是很喜欢你们的。磁悬浮列车主要是靠你们运行的呢！

第三章　内能

免费蹦蹦床
文兄，你……你听到声音了吗？
哈
嘿嘿
祝……祝融兄，不是你在笑？

你们别害怕！我只是觉得太好玩了，哈哈哈！

这里怎么有一个免费的蹦蹦床呀！你们什么时候买的玩具！
哎哟，好累。
哎呀！你别把我的热水瓶弄坏了！
热水瓶坏不了，不过热水瓶里面的分子兄们可要累坏喽。

能量
因为热空气的驱赶，水蒸气分子让瓶塞动了起来。在这个过程中，加速产生了一种叫能量的东西。

动能
我知道！我刚倒的水温度很高！所以，这一定是文兄讲过的“温度越高，分子运动越快”。
不错不错，会举一反三了。

不断运动着的分子兄们和飞来飞去的精卫兄除了长得不太一样，其他都是一样的。

它们都是通过运动产生能量。虽然运动的方法有点不太一样，但是这都可以被叫作动能。

当然，对分子兄们而言，被热空气催动之后，它们越急，运动的速度越快，动能也就变得越大。

你们慢一点！

分子势能
谢谢你！
好险！你差点就成一块肉饼了！

其实刚刚又产生了一种能量。
喂！
还有吗？是什么！

除了运动之外，还有哪个特质能让分子兄们产生变化？

那叫引力和斥力！
啊！是永不分开和离我远点！

1Kg
被挤压的时候，弹簧为了保持原来的状态，会让挤压它的人感觉非常费力。分子兄们也差不多。

分子势能
分子在受到引力和斥力的影响时，因为保持了自己原来的状态，就有了一种能量，叫作分子势能。
生人勿近
生人勿近
反抗无效
不不
生人勿近
生人勿近
分子兄们也有脾气！
没错，分子兄们也不喜欢动来动去，更想要维持自己现有的状态。
维持现状
舒适圈
这和周末的我也太像了！
回归我温暖的怀抱吧，孩子！
当精卫兄在天上飞的时候，因为有一定的高度，受到了地球引力的作用，所以也可以说精卫有势能，再准确一点，就是重力势能。
对于分子兄们来说，动能和分子势能加在一起就有了一个统一的名字——内能。
内能

无处不在的内能
唉，不过凉茶既然是凉的，
是不是就没有内能了呀？
那可不是。
虽然温度低，但这只说明
凉茶分子的运动会变慢，
内能会减少。
但是不管温度多低，分子兄
们的热运动都是一直在的。
因此大家都有内能。
不抛弃……
不放弃……
真是太了不起了！

脑筋体操课

能量可真是有好多种啊。我的大脑都要超负荷了……肯定产生了很多动能！

你知道在人类世界里，哪种能量的产生方式最简单吗？

一定是动能！只要人类动起来就好了，有什么难的！

说来简单，你今天不也睡到好晚才起床吗？

淼叔有话说

其实最简单的方式就是利用前面刚说到的重力势能。

地球对地球上的生物都有引力。
怪不得我没办法去月球摸摸玉兔！

引力是重力势能产生的重要因素。引力是方向指向地心的力。

重力势能的方向是向下的，同样的体重，站在高处的人具有的重力势能要比站在低处的人大。

山脉
水库
引水道
发电机
水轮机
很高的地势让水流得很快，湍急的水流产生的能量可以让水轮转动，然后带动发电机产生电能。
山脉
水库
引水道
发电机
我还要再来一次！
就像小朋友玩水上滑梯一样，水流乐此不疲地从高处冲下来，循环产生能量。
不过因为这样的地势并不多见，所以人类一直苦恼怎么更好地运用水力发电呢。

第四章　内能的改变

变红的虾兵蟹将
升职宴马上要开始了，祝融兄还不开始准备吗？
来得及，我请了好多朋友来帮忙呢。
不过，文兄闻到什么奇怪的味道了吗？

我的屁股！

啊……还好我聪明。

喂！快看你的朋友们！
没事没事！
怎么了？发生什么了？
咳咳，你们差点醒不过来了……

热传递
呀！我们怎么红了！
还不是怪这个粗心的小子！

我也火烧屁股了，你们竟然不关心关心我！
那你也不能直接往虾兄、蟹兄们的水池里坐啊！

温度会改变分子们的运动速度。

不同运动速度的分子们碰到一起就会互相影响，温度也就发生了改变。

咣当!

温度高的会把自己的能量传递给温度低的，一直到它们的温度一样为止。
算了，相识一场，都是缘分！

这时发生的就是热传递。裤子和水兄之间也是这样。
这是什么！好凉快！
这是什么！好温暖！

让我来温暖你！
让我来给你降温！
裤兄的高温让水温升高。

升高的水温就会让虾兄、蟹兄的皮肤变红。

我知道！这也是热传递的体现！

没错！孺子可教也！

热量
你这是什么能量啊，好舒服，我好喜欢。
是热量！
裤子给水兄传递的就是热量——热传递过程中传递的能量。
我好累……
热量也和内能有关系。水兄吸收热量，内能会增加，裤子放出热量，内能就会减少。

牺牲自己，温暖别人……

热传递改变物体内能在生活中也很常见。比如人们在冬天会用热水袋取暖，人体感觉暖和了，但热水袋会慢慢凉下来，需要不断地换热水。

好烫！不过为了小朋友……我忍！

还有人在发烧的时候用来降温的冰凉贴。冰凉贴在和人体接触后，冰凉贴的温度会升高，人体的体温则会下降。

钻木取火
那内能还会被什么别的方法改变吗？
你现在做的就是。
就像人们在冷的时候会搓手那样，不断摩擦能够让温度升高，这就意味着改变了木块的内能。
再忍一忍！很快就着了！
好痛！
木棍消耗了能量让木块的内能增加，这就是做功的过程。做功也是改变内能的一种方法。
燃起来了！
好累……
原来如此！
不过你不是火神吗？为什么要钻木取火？

脑筋体操课

唉，怎么最近天界的夏天越来越热了？

这其实也是一个和热量相关的现象。你能说出它的名字吗？

想吃冰激凌效应！

唉……当然不是！

淼叔有话说

太阳把能量输送到了地面，温暖了地球，才有了我们。

生存秘籍

不过，作为目前人类唯一知道的有生物生存的行星，地球发展出了一套应对太阳的生物保护系统。

地球表面有一层大气，就像保温被一样，把地表的温度维持在一个稳定的水平。

舒服！

这些年来，人们为了满足需要，大量燃烧煤炭、开采石油、砍伐森林。

这些现象产生了大量的温室气体，如二氧化碳、甲烷、一氧化二氮和臭氧等，这导致地球表面温度升高。这就是人们常说的“温室效应”。

第五章　比热容

伤人的铁板
唉，这水再不烧开，我就真急得火烧屁股了。
我还是先做铁板烧吧。

小心！
啊！

文兄，这是在干什么？！
铁盘很烫！怎么能直接踩上去？
这水还没烧热呢！铁盘怎么会烫！

嗞啦一

你瞧！要不是我刚刚救了精卫兄，它现在已经成铁板鸡了！
好香！
那个，我是鸟啊！

通过健身，练出肌肉需要时间，水兄也是这样，通过热量提升温度也需要时间。

我什么时候才能热起来啊……

同时，不同的物质就和人类有不同的体质一样。

不同的物质吸收相同的热量，提升的温度也不一样，这种性质就被称为比热容。

我命由我不由天！没关系，一定会有变快的方法！你不要太伤心。

不不，比热容是一种物理性质，性质可不会随便改变哦。
唉，看来我注定不能成为优质水……

不同物质的比热容
我要靠自己！
既然铁板温度升得快，铁盘的比热容一定很大吧。

是比热容小！可不是心眼小啊，铁兄！
恰恰相反。比热容越大，吸收一样的热量，温度提升得越慢。所以铁盘的比热容可比水小多了。

通常，固体的比热容比液体的要小，所以吸收一样的热量，固体的温度变化会更大。
看出来了，变化确实挺大的……
算了，这也不能怪你。我们还是好朋友！

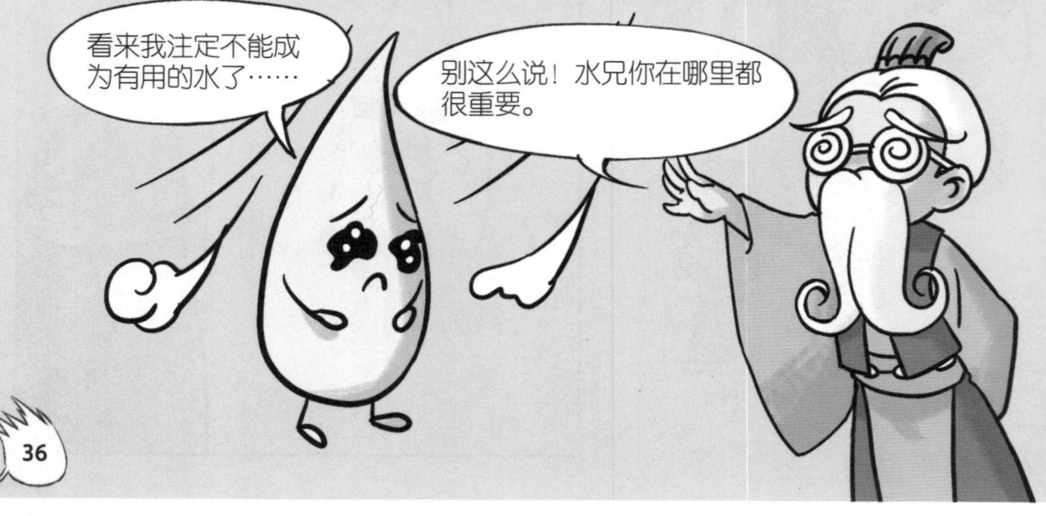
看来我注定不能成为有用的水了……
别这么说！水兄你在哪里都很重要。

可靠的水兄

因为水兄的比热容非常大，所以在环境温度变化很快的时候总能波澜不惊。

在生物体中，水兄占了很高的比例，可以帮助调节生物体的温度，立了大功呢！

夏天，因为水的比热容大，所以靠海的地方温度变化小，相比其他地方凉爽很多，海边也就成了人们的度假胜地。

生活在北方的人，冬天依靠水暖抵抗寒冷。他们使用加热的水作为热量传递的介质。

原来我不是没有优点！
水什么时候能烧开啊……

脑筋体操课

唉！那水兄和冰兄的比热容是不是一样啊？它们可都是水。

本是同根生……相煎何太急啊。

淼叔有话说

不是这样的。

冰比较特殊，虽然本质上是水，但是因为水受冷后结构发生了变化，所以有些性质也会变。
再等一等……马上你就能像我一样成为硬汉了！

我果真变成硬汉了！

水在受冷之后，分子们为了互相取暖而抱在了一起。
好冷！
分子们聚在一起，能量容易找到它们，所以冰的温度变化会很快，比热容就小。
能量
是能量！我先找到的能量！
而水分子相距远，能量找它们需要花的时间更长，水的比热容就比冰要大。
哈哈！你来抓我呀！

第六章　能源

不安分的能量池
什么动静？

能量池的状况怎么一天比一天差了。
这里发生了什么？

人类没有什么事情能逃得过天界的法眼。能量池就是天界观察人间的一口大井，会和人类的能量使用情况相关联。

怎么会这样？
前段时间一直都好好的，就是最近能量池的状况一天不如一天了。所以才要频繁地让神来轮班，一个神根本无法招架。

能源的历程
有人吗?
很久以前，能量池一点动静也没有，甚至都没有神仙发现它的存在。

但自从人类发现使用火的方法后，能量池就被发现了。
怎么哪里怪怪的！

人们开始利用柴火作为能源，用火制作熟食。
终于不用再吃生的食物了！

以木柴为主要能源的时代持续了将近一万年，能量池的表现一直很稳定。
美美地睡个午觉吧！
我的屁股！
之后，人类发明了蒸汽机。人类用机械的动力代替人力和畜力，使用的主要能源也从柴薪转向了煤。这也让能量池的温度进一步升高。

一次能源
新年快乐！
这些能源都是大自然给予人类的礼物。

人类常用的煤、石油、天然气，都是在千百万年前埋下的动植物的尸体经过漫长的岁月后形成的。
哼，我爸妈说我以后肯定会有大作为的！

这些能源被称为化石能源，也叫作一次能源。人类可以直接从自然界得到它们。

随着科技的发展，人们开始利用风能、水能、太阳能、核能等等。它们也属于一次能源。

二次能源
有一次能源，那是不是就有二次、三次能源呀？
没错，不过目前人类只发展出了二次能源，最常见的就是电能。它们必须通过消耗一次能源才能得到。
为什么一定要把一次能源换成电能呢？
因为电能便于运输和转化，人类使用电能更方便。
你来追我呀！
你……你等等我……
人类制造了各种使用电能的设备，小到电风扇、电视机，大到高速列车等。电能在现代社会发展中起到非常重要的作用。

21世纪的能源趋势
唉，随着地球上的人类越来越多，对能源的消耗越来越大，我对他们的未来感到担忧啊。
为什么呀？反正地球会源源不断地提供能源。
求求你们放过我爸爸！
化石能源作为目前人类的主要能源，数量并不是那么充足，而且用一次就没了，在未来的某一天一定会完全被用完。
不过随着科技的发展，他们开始利用风能、水能等清洁能源。
在 20 世 纪 40 年 代，科学家们还发明了可以控制核能释放的核反应堆，增加了一种新的能源利用方式。
哈哈！以后请多多指教啦！

脑筋体操课

地球真厉害！你给人类提供了好多优越的条件啊。

考你一道题，在人类利用的能源中，有一种因为分布不均、环境等问题经历过多次危机，你知道是哪种能源吗？

淼叔有话说

因为石油问题，这里战争频发，引发了很多次石油危机。

原来我这么抢手……

战争让石油的价格飞涨，也因此引发了全球性的经济危机。
让你们争！我就变成你们都高攀不起的样子！就没有人再争抢了！哼！
10000
20000
大家开始思考石油的替代能源，开发节能技术。
20000
就没有什么别的办法吗？
尽管需要的时间可能很长，但这是大势所趋。
你们还真不要我了啊……

第七章　核能

核桃不是"核"
文兄，我怎么从来没听说过核能这个东西？

咔
啊！这核桃里面的果仁一定就是核能了！
当然不是！

核能的"核"指的可不是核桃的核，而是原子中的原子核。
原子核？那么小！能有什么能量？

兄弟们！上啊！
你可别小瞧它们。很多核武器就是靠核能制造的。
不过核能主要用于发电啦。它们稳定而可靠，只是因为离日常生活有些远，大家并没有意识到它们的贡献。

核能从何而来？
原子核作为原子的中心，由带正电的质子和不带电的中子组成，周边围绕着带负电的电子。

质子和中子的质量差不多，但都比电子大很多，是它的 1800 多倍。

天啊！是巨人！哦，不对，是巨核！
有人吗？
它们和原子比起来可小多啦，就像几颗豆子挤在广场中央那样。

拒绝
质子和中子都很依赖对方，所以要改变它们是很困难的，它们之间的作用力也被称为核力。

因为它们的关系非常牢固，所以质量较大的原子核发生分裂，或者质量较小的原子核相互结合，就会放出惊人的能量，这就是核能。

裂变
谁这么厉害能够精准击中那么小的质子和中子啊？

235
哈哈！我是天选之子！
科学家首先选定了质量很大的铀的原子核。

他们尝试使用很多粒子，但都完全起不到作用。
直到科学家们用了他们很熟悉的中子。
怎么是你！

我裂开了！
235
最后，他们终于发现只有用中子轰击质量比较大的铀核，铀核才能发生裂变，放出能量。

不过这一过程只能是一对一的。如果想让铀核一个接一个地裂开，只能不断地用中子轰击它们，否则裂变就会停止。
后来，科学家们发现用中子轰击铀核的时候，在释放核能的同时，还会产生几个新的中子。
所以当一群铀核聚在一起的时候，这些中子又会轰击其他铀核，这个过程被称作链式反应。
根本停不下来啊！
你们都别过来了！
如果链式反应不加控制，大量原子核就会在一瞬间发生裂变，释放出很大的力量，这也是原子弹威力巨大的原因。

聚变
好痛！
聚变也是科学家们积极探索的领域。
质量很小的氢原子核，在超高温下会结合成新的氦原子核，同时会释放出巨大的核能，这就是聚变，也称为热核反应。
来找我呀！
现在，科学家们已经在海水中找到了很多这样的氢原子核实现聚变。他们预言，通过可控的核聚变，人类的能源问题有望在未来得到解决。
祝融兄，你这是要干什么？
我马上要去搜集海水里的氢原子核！让我助人类一臂之力！
你可是火神！小心被浇灭！

脑筋体操课

淼叔有话说

为了大量生产核能，人们制造了一个通过可控裂变反应释放核能的设备，叫作核反应堆。

反应堆里的铀核发生裂变、释放能量的同时，也会产生辐射。

核辐射会对人和其他生物造成伤害，所以需要将核反应堆牢牢地封起来。

千万别偷工减料！

因为核辐射非常危险，所以设置警示牌提醒人们。

核辐射一旦泄露，就会产生很严重的后果。

比如切尔诺贝利核电站发生爆炸，让 320 万左右的人受到了核辐射的影响。

少量的辐射对人类的影响并不那么明显，但大量的辐射会改变或破坏人的基因，超量的辐射甚至会让人当场死亡。

因此，人们十分重视核电站的安全性。不过虽然发生过事故，但核能仍然是很重要的能源。

第八章　太阳能

认识太阳
啊！一定是我请的救兵来了！

好热！
是我！
这熟悉的热气……是太阳兄吗？

太……太热了。

太阳兄很厉害，所以我想着把它请过来给我们搭把手！

可不能这么对太阳兄。太阳对人类来说可重要了，对能量池的稳定也有很大帮助。

太阳的特征
太阳兄作为太阳系的霸主，直径大概相当于 110 个地球，体积大概是 130 万个地球，质量也有 33 万个地球那样大。
太阳兄不只是块头大，内心也很火热。它的核心温度高达 1500 万摄氏度，所以即使地球离太阳很远，人类还是能感受太阳的热量。
太阳兄可真是热心的好兄弟！佩服！
不过我也听说太阳兄总是冒着热气，脾气很差，所以大家都不喜欢它。
那可真是个误会！太阳兄的内心太过火热，里面的氢原子核在超高温下就会互相冲撞发生聚变，释放出巨大的核能。
太阳内部每时每刻都在发生核聚变，这可比原子弹爆炸的威力还要大呢，所以太阳兄的脾气也不是它能够随便控制的。
哎哟，原来如此。太阳兄可真是受苦了。

太阳与能源
不过看着人类发展得越来越好，太阳兄也会很高兴吧！
当然了，毕竟太阳才是人类能源真正的宝库。

一点也不能浪费……
地球在50亿年中累积的太阳能是我们今天所用大部分能量的源泉。

一定要好好长大呀。
比如远古时期的植物。它们吸收太阳兄产生的太阳能，这个过程叫作光合作用。

虽然我变了模样，但我没有忘记你！
植物被埋在地下或海底，在地质作用下，几百万年后，它们就变成了石油和煤等一次能源。

太阳能的利用
今天的阳光怎么格外耀眼？
科技发展到现在，人类能够
直接利用太阳能。
太阳辐射能够被转换成内能，
可以用于加热冷水。太阳能
热水器利用的就是这个原理。
现在，太阳能热水器已经被
普遍使用了。

人类还制造了太阳能电池，
把太阳能转化为电能。
太阳能电池比较昂贵。

但是它的寿命长，
在很多地方都能
见到它的身影。

太阳能电池太棒了。

使用太阳能绿色又环保，肯定
能让能量池稳定下来！
我们得想办法提示人类，
多用太阳能这样的环境友
好型能源。
太阳能万岁

脑筋体操课

原来这些都是太阳兄的功劳！
没错！
无私奉献
当然除了这个，地球上很多能量的转化和守恒也离不开太阳兄的贡献啦。你能说明一些现象吗？ 
无私奉献

淼叔有话说

太阳把地晒得滚烫，这就是太阳能转化成了内能。
空气分子们也不想待在被太阳晒热的地方，于是都往天上跑。
空气分子嫌挤，便到处乱跑，流动起来，就产生了风，太阳能就转化成了风能。

地面被晒热的同时，水蒸气也会跟着跑走。
一点一点的水蒸气就汇成了云朵。当云朵中的水滴增大到一定程度，就会从云中掉落下来，形成雨。
雨水流入江河，于是太阳能又转化成了水能。
还有很多太阳能的利用、转化和守恒的情况呢。要是你能多发现一点，太阳一定会更高兴的！

第九章　能量的转化

不能循环的能量
这么大的蘑菇云，人类是用了多少能源来制造能量啊……
唉？精卫兄呢？

我在试着把能量再搜集起来！可千万不能浪费了！

你可别白费力气了。

呀……怎么除了废气什么都没有……

能量转化的方向性
能量和时间一样，用掉了就不会再回来啦。

动能
内能
汽油
比如人类开车的时候，内燃机把汽油中的化学能转化为了汽车的动能和内能。

我的兄弟都为你们牺牲了，你们怎么还想着回来！
但是动能和内能可没有办法再变成汽油了。

再见！
所以能量之间的转化是有方向的，一种能量变成另一种能量是不可逆转的，不能收集起来再利用。
怪不得我们总说要节约能源。

能量之间的转移也是有方向的。

嗨起来！

我不要！

在热传递的过程中，内能总是自动从高温物体转移到低温物体上。

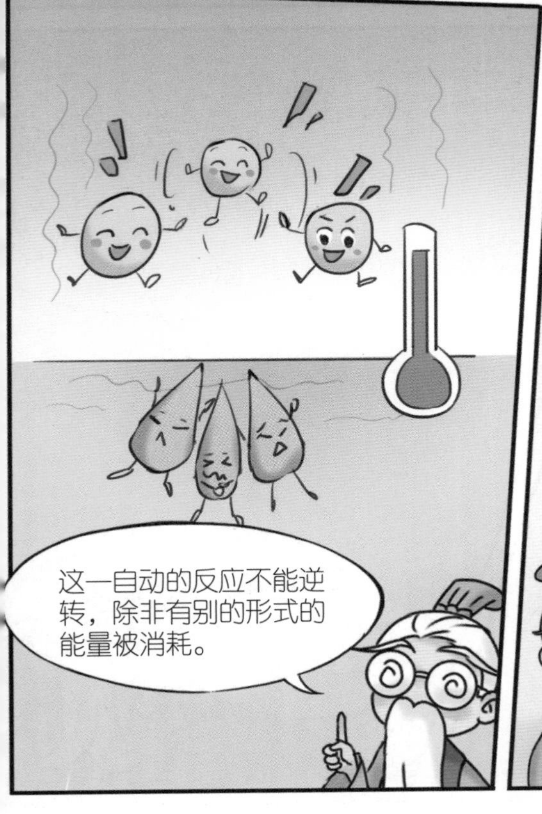

这一自动的反应不能逆转，除非有别的形式的能量被消耗。

突然不想努力了……
比如电冰箱。电能被消耗，让电冰箱能够制冷，使内能能够从低温物体转移到高温物体上。

大气污染
在使用各种能源的过程中，也不可避免地对环境造成影响。
之前提到的温室效应的加剧，就是一个典型例子。
粉尘
一氧化氮
燃料的不完全燃烧会产生粉尘和一氧化碳，让空气质量变得更加糟糕。
咦，我走到哪儿了？
雾霾天的产生就是这个原因。

除此之外，煤、石油、天然气等往往含有杂质。
二氧化硫
这就会让燃烧生成的气体中有二氧化硫等有害的酸性物质。
二氧化硫
酸性气体和雨水结合，就会形成酸雨。
好痛！
酸雨会对植物、建筑物等产生危害。

脑筋体操课

淼叔有话说

大气污染最严重城市榜
1
新德里
截止 2023 年，全球大气污染最严重的城市是印度首都新德里。
救救我……
它的空气污染指数远超危险值，处于极度危险的状态。
印度的气候炎热干燥，土地沙化非常严重，空气中飘浮着很多细小的灰尘颗粒。
唉，你是谁？
再加上当地大力发展工业，但是废气的排放不科学。
我怎么看不到人？
在新德里，即使是阳光高照的日子，天空也是雾蒙蒙的。

空气污染对人们
的健康有非常大
的危害。

空气中的尘埃和飘尘
严重损害呼吸系统。

汽车尾气、工厂
排放和燃煤是主
要的污染源。

保护环境，人人有责！
我们可以通过很多积极
的措施来改善空气质量。
比如限制汽车出行数量、
推广清洁能源等。

第十章 可持续发展与能源

和谐的自然环境

好疼……

不行……外面空气质量太差了。

妈妈……我想开点窗透透气……

看来是人类的贪婪让大自然生气了。

所以人类应该在提升物质文明的同时，保持和自然环境之间和谐的关系呀。

妈妈……不能开空调吗？
空调释放的废气会让空气更糟糕，我们得让大自然休息一下啦。
那我们周末去公园种树吧！给大自然一点安慰！
好！

可持续发展
能源的使用也要精打细算……
现在人类对节能环保可用心了。
你们打算怎么办……
很多国家都制定了自己的环境保护战略，并认真实施行动方案。
中国在 1997 年就出台了相关法律，督促人们一起节约能源。
人们在提高能源利用率的同时，积极开发新的理想能源。
能源
能源
能源的利用要可持续，不能自私！
现在
未来
现在的人在使用能源时，也要考虑后代的需求。这就是可持续发展。

工厂
弟兄们，再见！
我知道！不可再生能源就是一次能源。

我会想你的，核能兄！
没错！核能尽管对环境很友好，但也是有限的。

它们都不能在短期内从自然界得到补充。
你还有多久能成为化石能源啊？
大概……一亿年？

一亿年后，植物变成化石能源从地里钻出来，只看到荒无人烟的一片虚空。

咦……人类都去哪儿了？

全世界能源的使用量增长，这些不可再生的能源会在并不长的时间内消耗殆尽。

可再生能源
你们可找不到比我更好的能源了！
人类要找到足够丰富，并可以保证长期使用的能源。
能源数量∞
这样才能解决不可再生的能源带来的问题。
世界这么大，一定能找到的！
这么客气干什么！都是我的好孩子……
人们正在开发的风能、水能、太阳能等就是地球给的用之不竭的礼物。

看来，只要我们帮人类找到理想能源，能量池的稳定指日可待！

是这个道理，不过记得除了绿色环保之外，还有几个条件一定得被满足。

检测台

为了保证多数人用得起，未来的理想能源必须足够便宜。

我什么时候可以去帮助人类！

同时，相关的技术必须成熟，这样在大规模使用的时候才不会产生很大的危害。

人类不断地寻找着这种理想能源。

我来帮人类一起找！能量池的稳定，包在我身上！

脑筋体操课

先别急！充分了解能源后，才能更好地寻找能源！

让我来考考你……

猜猜我在哪儿？

猜猜我在哪儿？

猜猜我在哪儿？

就中国而言，你知道哪些区域有利于发展可再生能源吗？

中国那么大！我怎么能知道嘛……

淼叔有话说

别担心，能源的分布都是有规律可循的。
虽然中国很大，但是每个地区都有各自的特点。
南方地区
怎么还在下雨？
中国南方的雨季长，降水量非常丰富。
这些造就了美丽的水乡风景。
还有各种各样的大江大河，很适宜发展水力发电。
哇！好壮观！

禁止通行！
北方地区也能发展很多可再生能源。那里有很多高山，会拦截住风。
再加上冬季和春季多大风，就很适合发展风能。
今天要好好晒个日光浴！
此外，北方雨季短，常年阳光晴朗，日照时间也长。
北方的山上更是如此，所以非常适合发展太阳能。
我明白了，淼叔！等我以后找到了理想能源，一定不会忘了你的！
能帮到你就好！